바다, 또 다른 숲

탄소중립, 해조류가 답이다

바다, 또 다른 숲

탄소중립, 해조류가 답이다

초판 1쇄 인쇄 | 2023년 11월 10일
초판 1쇄 발행 | 2023년 11월 20일

지은이 | 이영호 · 박순미
펴낸이 | 황인욱
편집진행 |
펴낸곳 | 도서출판 오래
　　　　04091 서울시 마포구 토정로 222, 406호(신수동, 한국출판콘텐츠센터)
　　　　전화 02-797-8786, 8787
　　　　팩스 02-797-9911
　　　　이메일 orebook@naver.com
　　　　홈페이지 www.orebook.com
　　　　출판신고번호 제2016-000355호

ISBN 979-11-5829-216-4 03520

값 25,000원

바다, 또 다른 숲

탄소중립, 해조류가 답이다

이영호·박순미 저

圖書 오래

몽접주인(夢蝶主人)이라고 불리는 도가사상의 대표적인 철학자 장자는 '나비의 꿈'이라는 글에서 장주가 나비가 된 꿈을 꾸었는데, 나비는 자신이 장주임을 알지 못한다. 그러다 문득 깨어보니 다시 장주가 되었다. 장자는 '장주가 나비가 된 꿈을 꾸었고, 꿈에서 깬 장주는 나비가 장주가 된 것이 아닌가 알 수가 없다.'고 한다.

장자의 '나비의 꿈'은 인생의 허무함이나 무상함을 이야기하는 일장춘몽(一場春夢)의 이야기가 아니라 두 개의 사실과 두 개의 꿈이 서로 중첩되어 있는 매우 함축적인 이야기다. 현실적으로 보면, 장주는 장주이고 나비는 나비이지만, 장주가 꾸는 꿈과 나비가 꾸는 꿈은 별개가 아닌 것이다.

요즘 젊은이들이 쓰는 말 중에 '현타'라는 말이 있다. '현실자각 타임'을 줄인 말이라고 한다. 어느 날 문득 필자에게도 '숲에서 바다를 본 순간' 현타가 왔다.

쓸쓸한 현실을 인정하고 싶지 않아서 종종 '지금 내가 살고 있는 세상이 혹시 꿈이 아닐까?' 생각되었는데, 제발 꿈이길 바라는 이 상황이 현실이라면 정신을 똑바로 차리고 꿈에서 깨어 미래를 향해 나아가야만 한다는 각성의 순간, 숲에서 나는 또 다른 바다를 본 것이다.

그동안 피·땀·눈물을 먹고 자란 황칠나무들이 내 키를 훌쩍 넘게 커서 터널을 이루고, 제멋대로 자란 잡목들과 자갈로 뒤 덮여 있던 산이 짙은 초록색 나무들과 온갖 꽃들로 아름답게 자라고 있었다. 바람 따라 춤추는 나뭇잎들의 군무는 마치 바다수면 위에서 빛나는 윤슬처럼 반짝이고 파도처럼 너울댔다. 환희심에 한자 '아름다울 미(美)'는 아마도 나무를 보며 만들었을 것이라는 생각까지 들었다.

필자에게 '꿈은 바다'고 '현실은 숲'이었는지 모른다. 마음은 늘 '여의도'에 있는데, 정작 몸은 주작산 비탈에서 호미질과 예초기를 돌리며 세월을 보냈다. 들려도 안 들은 것처럼, 말하고 싶어도 벙어리인 양 그렇게 살아온 세월이었다.

꿈과 현실, 바다와 숲, 현실과 미래는 결국 불일불이(不一不異), 불일불이(不一不二)이다. 현실이 불운처럼 내게 뚝 떨어진 것이 아니라, 많은 것들이 원인과 결과로 서로 영향력을 미치고 결국 오늘의 현실을 초래했다는 것을 인정해야 한다.

바다가 희망이었듯이 숲도 희망이다. 바다와 숲은 생명의 모태이며, 지구별에 사는 생명들의 보금자리다. 바다와 숲이 없다면 우리는 숨을 쉬고 살아갈 수가 없다. 바다와 숲은 인류의 허파다.

지금 세계는 기후변화와 지구온난화라는 난제에 직면해 있다. 현재 우리가 살아가는 지구환경은 미래 우리 후손들이 살아 갈 유산이 된다. 미래 인류들이 건강하고 행복하게 살 수 있도록 깨끗한 환경을 물려주어야 한다.

그동안 무분별한 개발과 훼손으로 오염된 지구별이 탄소중립을 넘어 탄소 마이너스가 되는 방법은 엔트로피를 감소시키는 한편으로는 이산화탄소를 흡수해 낼 수 있는 숲을 더 많이 만들어 내는 것이다.

돌이켜 보면 필자의 삶은 '나무를 심고 가꾸는 삶'이었다. 확실한 것은, 내 인생의 대부분은 '지구를 살리고 사람을 살리는 숲을 만드는 일'에 매진하였다는데 자부심을 느낀다. 인생 전반부에는 김, 미역, 다시마, 톳, 매생이, 모자반 등 바다 숲인 해조류들을 연구하고 양식기술 보급하는데 바쳤고, 소위 '산으로 간 어부'가 된 십여 년 간은 수십만 그루의 나무를 심고 가꾸었다.

국회에서는 '이산화탄소 흡수원으로서 해조류의 유용성'을 국제적으로 인정받기 위해 12차례의 세미나를 열고 정책보고서를 만들었다.

필자는 해조류 관련으로 석·박사 학위를 받았고, 1985년부터 어업인들에게 현장지도와 연구 및 강의를 해왔기에 해조류에 대한 실무와 이론을 숙지할 수 있었고, 해조류가 이산화탄소 흡수원으로 매우 유용한 의제라고 생각하여 당시 조류학회 부성민 회장님과 여러 회원님들의 협조로 CDM(청정개발) 사업을 추진하였던 것이다.

정부에서는 기후변화에 대한 대응책을 수립하고 추진하였으나 '해조류'에 대한 관심이 없는 상태였기에 연구자들이 제대로 연구결과물을 도출하고 정책적으로 추진하려면 정부와 학계, 언론, 관련 산업의 관계자들이 함께 모여 의견을 수렴하고 일관성 있게 추진해야 되겠기에 세미나를 주관하게 되었던 것이다.

그런데 16년이 지난 지금, '이산화탄소 흡수원으로서 해조류의 유용성'에 관한 연구는 얼마나 진행되었을까? 당시 관련연구에 참여했던 분들 중에는 정부 예산을 받아서 연구를 상당히 진행한 학자들도 있지만, 대체로 개별 연구자의 수준에 그칠 뿐 협력체제가 이루어지지 않은 것은 매우 안타까운 일이다.

이 책은 그런 과정을 정리해 보았다. 필자는 반드시 해조류를 기후변화국제협의체(IPCC)에서 '이산화탄소 저감생물'로 인정받을 수 있도록 추진할 것이다.

이는 탄소배출권 확보로 대한민국에 부과된 탄소배출 관련 의무부담을 해결해 줄 뿐만 아니라. 양식어업인을 비롯한 농어업인들의 기본소득 창출을 위반 기반이 될 것이므로 이영호의 이번 생에 반드시 추진해야할 과업이라고 거듭 다짐한다.

그리고 숲 농사를 지으면서 느낀 '우리나라 농정'에 대한 생각과 주작산에 주로 심은 '황칠나무의 신비한 효능'을 정리한 것이다.

황칠나무가 지닌 훌륭한 자원적인 특성이 있음에도 불구하고 제대로 평가받지 못하고 많은 사람들에게 그 유용성이 전달되지 못하고 있는 것이 안타까워서 효능과 자원화 가능성에 중점을 두었다.

이제 다시 꿈을 꾼다. 현실인지 꿈속인지 모르는 장주가 꾸었던 나비 꿈이 아니라, 두텁게 감싸고 있던 무력감의 고치를 깨고 창공을 향해 날개를 활짝 펴고 힘차게 '비상하는 나비의 꿈'이다.

소외된 농어업인들과 함께 하는 꿈

사람을 살리는 농수산업, 지구를 살리는 숲을 가꾸며

오랫동안 변치 않고 기다려준 동지들과 함께

힘차게 비상하여 아름다운 날개를 활짝 펼치는 나비의 꿈이다.

2023년 가을 기라재에서

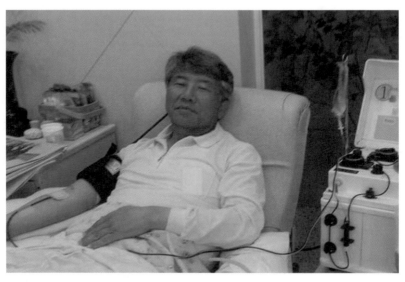

❙ 기도하는 마음으로 헌혈 139회차(2023. 10. 25)

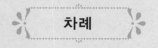

제 3 장

탄소중립, 해조류가 답이다

제 4 장

이산화탄소 흡수원으로써 해조류 활용 방안 세미나

제 5 장

사람을 살리는 농어업

제 6 장

천년의 신비, 황칠나무

천년의 신비

황칠나무의 효능

황칠나무의 자원화

숲, 또 다른 바다

숲과 바다

요즘 TV 프로그램 중에 '나는 자연인이다'가 특히 50~60대 남성들에게 인기라고 한다. 심신이 피로하고 치유가 필요한 사람들이 산속으로 들어가 오로지 자연과 벗하고 살면서 인생을 회복해 가는 모습을 보여준다.

어쩌면 필자 역시 그중 한사람인지 모르겠다. 필자의 전작 「산으로 간 어부」는 산에서 숲 농사를 하면서 느낀 바를 기록한 책이다.

사람들은 언필칭 '해양수산전문가'라는 필자에게 "어부가 바다로 가야지. 왜 산으로 갔는가?, 할 일도 많은데 빨리 하산해야 하지 않겠는가?" 할 때면, "어부가 항해하다 풍랑을 맞아 배가 난파가 되었으니, 배를 다시 띄우려면 산에 가서 배 만들 목재를 구해야지요." 라며 답했었는데, 이제는 정말 다시 출항 할 시기가 되었음을 몸소 느끼곤 한다.

사실 필자는 어릴 적부터 농부였다. 신분이 학생, 공무원, 대학교

수, 정치인으로 변하여도 늘 농업을 겸했다. 부모님으로부터 밭둑교육을 받으며 자랐고, 섬에서 태어나 바다를 보며 성장하였기에 농어업인의 삶이 자연스럽게 체화되었다.

대학졸업 후, 녹색혁명의 기수였던 지도직 공무원으로 농어업인과 직접 삶의 애환을 같이 하면서 정책의 문제점과 식량안보의 중요성을 절감하였고, 바다농사와 육지농사는 별개가 아니라 하나의 생명산업이자 식량산업이라는 패러다임을 갖게 되었다.

바다와 숲은 불일불이(不一不異), 불일불이(不一不二)의 관계이다. '숲은 또 다른 바다'라고 느꼈다. 숲의 정상에 올라 녹색 물결이 넘실대는 나무들의 향연을 보고 있노라면 마치 파도를 보고 있다는 생각이 든다.

바다 속에도 해조숲이 있다. 해조숲에는 수많은 물고기들과 수생생물들이 살아가고 있다. 육지숲에도 수많은 생명체들이 살아간다. 싱그러운 나무와 다채로운 야생화들, 거기에 깃들어 사는 많은 생명들이 있다. 주어진 삶을 살아내려고 흙을 움켜쥔 뿌리들의 강한 의지와 눈에 보이지 않지만 땅 속에서 무수히 뻗어 내린 잔뿌리들, 그들과 공생하는 다양한 미생물들이 모여 사는 숲에서 나는 또 하나의 작은 우주를 본다.

바다가 인류 생명의 모태이듯이 숲이 없다면 우리 인류는 살아갈 수가 없다. 또한 숲이 주는 풍요로움과 유익이 바다가 우리 인류에게 주는 그것과 다르지 않다.

동서고금을 막론하고 어업 종사자들은 '건강한 숲이 있어야 바다도 풍요로워진다.'는 사실을 경험적으로 익히 알고 있는데, 그 가장 큰 비밀은 산림이 공급하는 영양분에 있다. '바다의 사막화'라고 하는 백화현상의 원인을 산에서 찾는 사례는 이러한 근거에서 나온 것이다. 연안 수자원의 풍요로운 서식처를 만드는 근원은 부엽토 등 숲이 만들어 공급하는 다량의 미네랄이며, 강물을 통해 운반된 각종 영양분은 바다 생물들의 먹이인 플랑크톤을 풍부하게 만든다.

강은 숲과 바다를 하나의 생태계로 연결하는 역할을 담당한다. 숲과 바다는 별개의 생태계가 아니고 하나이며, 건강한 숲으로부터 흘러가는 강물이 많이 공급되는 하구는 어류, 조개, 게 등 수산자원이 풍요로운 어장이 형성된다.

이렇게 바다와 숲이 둘이 아닌 것처럼 자연과 인간이, 도시와 농촌이, 경제개발과 환경오염이 인과관계로 끊임없이 상호 영향을 주고받는 순환 고리로 엮여 있는 하나의 생태계인 것이다.

풍랑에 휩쓸려 버린 여망(輿望)

필자가 국회의원이 되자 신문에 '이영호 농어업인의 희망의 증거'라고 표현했었는데, 은유적으로 표현한 '이영호 함'이 풍랑을 맞아 난파되었다는 것은, 단지 일 개인의 문제만은 아니었다. 문제는 '이영호 함'에 실려 있던 '농어촌의 현안 문제들'과 '농축수산업 문제들'이 저 바다 밑에 그대로 수장되어 버렸다는 것이다.

국회에는 다시 "농수산 전문가" 부재 상태가 되었고 지역구 국회의원이라 할지라도 농어촌 실정을 전혀 모르니, 부질없는 세월만 흘러보

내고 말았기 때문에 십수 년이 지나도록 현안문제들이 답보상태에 머물러 있다.

필자가 정치인의 길을 걷고자 한 것은, 불합리한 정책과 법을 제·개정하여 농어업인들이 가지고 있는 문제들을 해결해 줄 수 있는 희망의 증거가 되고 싶었기 때문이었다.

실제 국회의원이 되어서 농업과 해양수산 분야의 법률안 제정 입법 7건, 개정법 300여 건을 해내고, 정책보고서 31권과 세미나 61회를 통하여 정책 대안을 제시하는 등 4년 동안 열정적으로 일했다.

필자를 보며 '살살 하라'고 충고하는 동료 의원들도 있었다. 실재 4년째 되는 해에는 국회의원회관이 텅텅 비었다. 의원총회가 열리는 시간 외에는 대부분의 의원실 직원들은 지역구에서 차기 선거 준비에 열중하였고 결국 그런 의원들은 차기 입성에 성공하였다.

열심히 일해서 성과로서 인정받을 수 있을 것이라고 생각했는데, 이를 비웃기라도 하듯이 해양수산부가 폐지되고 전국에서 유일하게 지역구가 해체 돼 버렸다.

비록 지역구가 갈라지고 새롭게 구성되었다 할지라도, 15년 동안 지도직 공무원으로서 다져온 기반이 있었고, 2000년도에 16대 총선에 출마하고자 2000년 2월에 공직 사표를 낸 곳이 해남어촌지도소장직이었으니, 이곳 해남, 진도, 강진, 완도는 살아온 터전이었다. 국회의원 재임 시에도 지역구와 상관없이 농어촌 현안문제들은 내 일로 생각하며 처리해 왔기 때문에 나름 자신이 있었다.

그런데 설마 경선시스템까지 엉망진창일 줄은 꿈에도 상상하지 못했고, 경선과정 부당신청 서류는 일정에 밀려 검토조차 하지 않았다.

경선과정에서 위반의혹이 컸던 후보가 공천되었으나 깃발만 꼽아도 된다는 전라도에서 해남·완도·진도 지역구 공천자는 떨어졌고, 1차 공천심사에서 탈락했던 김영록 후보가 무소속으로 출마하여 당선되는 이변이 발생한 것은 이런 연유 때문이었다.

농어업인들의 희망을 싣고 식량·생명산업을 기치로 내 걸고 힘차게 나아가던 '이영호'라는 배는 노회한 정치인들이 일으킨 바람을 타고 밀려온 파도에 휩쓸려 풍비박산이 났다. "동작 그만!" 그동안 열정을 다해서 일했던 것들을 모두 놓아야만 했다. 추진하던 일들을 다음 주자들이 이어갈 수만 있었다면 좋았으련만, 이영호의 퇴장과 함께 모두 수면 아래로 가라 앉아 버렸으니 참으로 안타까운 심정이다.

필자는 농어촌에서 태어나 자라왔고, 지금도 살고 있는 사람으로서 그 누구보다 농어촌 실정을 잘 알고 있다고 감히 말할 수 있다. 건강한 숲과 연결된 강의 하구에는 수산자원이 풍요로운 어장이 형성되듯이 농어촌과 도시를 연결하고, 농어업인의 실정을 정부와 국회에 통하게 해줄 수 있는 '소통의 강'을 따라 농어촌의 희망을 다시 챙기고자 한다.

세한연후 지송백

추사 김정희 선생의 세한도에는 소나무와 잣나무와 함께 공자의 말씀인 '세한연후 지송백지후조야(歲寒然後, 知松栢之後凋也)'라는 글귀가 있다. 직역하면 '추운 겨울을 지내고 난 뒤에야 소나무와 잣나무가 늦게 시듦을 알 수 있다.'는 것이다.

유배지에서 힘든 시절을 보내야 했던 추사의 입장에서, 어려운 시절일지라도 선비로서의 기상을 송백처럼 갖자는 의미일 수도 있고, 수많은 지인들이 있지만 곤궁한 시절에 보이는 태도에 따라서 누가 송백과 같은 사람인지 알 수 있다는 뜻도 있었을 것이다.

필자에게도 '송백'과 같은 분들이 계시기 때문에 그렇게 해석해 보는 것이다. 그런 분들은 내가 어떤 상황에 처해 있는지 상관없이 늘 함께 해주는 고마운 분들이기에 이런 기대에 부응하고자 다시 한 번 '이영호 함'을 띄우고자 결기를 다지는 것이다.

출항을 결심하고 몇 분 선후배들을 만나 의향을 타진해 보았다. 역시 환영하는 그룹과 염려하는 그룹이 있었다. 그 어려운 시기 살아

낸 것만 해도 장한데 또 다시 도전해 보겠느냐며 눈물을 글썽이며 손 잡아 주신 분도 계셨다.

그런데 염려하는 분들 중에는 "지금은 예전처럼 배고픈 시대가 아니니 빵이 아니라 사탕을 줘야 한다. 안부 전화도 잘하고 잘 찾아오는 사람에게 표를 줄 것인데, 일부 사람들 얘기가 이영호는 일은 잘 하는데, 그동안 인맥관리를 잘못해서 관계들이 많이 끊어졌다 하더라."고 했다.

농어촌에 사는 우리 지역민이 농어촌을 위해 일할 사람 대신에 어떤 얘길 해도 다 해 줄 수 있다는 '내 귀에 캔디' 유행가 가사마냥 허황되고 달콤한 사탕발림만 하는 사람에게 자신의 주권을 준다면, 농어촌의 현안문제를 해결할 방법은 요원하고 혹세무민하는 간신들이 득세하는 세상이 될 수밖에 없을텐데 참으로 분통이 터질 일이다.

긍정적인 사람은 될 수 있는 단 하나의 조건만 보지만, 부정적인 사람은 안 되는 수천 수 만 가지의 이유를 댄다.

긍정적인 사람은 '그래도', '그럼에도 불구하고'를 말하지만, 부정적인 사람은 '그러나', '그런데'를 덧붙인다. 한 가지를 해명하면 또 다른 부정적인 이유가 꼬리에 꼬리를 무니 "미안합니다."라고 밖에는 할 말이 없다.

톨스토이의 소설에 빗대서 나온 '안나 카레니나 법칙'이라는 것이 있다. 주인공 '안나'는 모든 사람들이 부러워하는 귀부인이지만 남편이 늙고 매력적이지 않다는 점 때문에 불행하다. 안나가 모든 조건 중에서 단 한 가지가 충족되지 않아서 불행한 것처럼, 안나 카레니나 법칙은 '성공하기 위해선 여러 가지 조건들이 모두 충족되어야 하고, 만약 하나의 조건이라도 충족되지 못하면 실패할 수밖에 없다는 것'을 뜻한다.

선거라는 것이 이성이 아니라 감성으로 투표한다는 뜻이겠지만, 누구를 좋아하는 이유는 딱히 없다. '그냥' 좋다고 대답할 것이고, 싫어하는 이유를 대고 싶으면 백 가지라도 찾으려고 애쓸 것이다.

그러므로 필자는 '왜?, 무엇 때문에?, 어떻게?' 를 분명히 알고 있기에 49%가 욕을 하더라도 51%를 믿고 앞으로 나아 갈 것이며 해낼 것이다.

이영호의원 주도 코리아 스마트포럼 '농업인과의 대화'

영농 현장 주민들 의견 수렴

각종 농업시장 개방압력으로 어려움을 겪고 있는 우리농업의 현실을 진단하는 제29회 코리아 스마트포럼 '농업인과의 대화'가 지난달 25일 주민등 100여명이 참석한 가운데 농촌공사 강진완도지사 회의실에서 개최됐다.

이날 농업인과의 대화에는 이영호 국회의원을 비롯해 정승 농업구조정책국장, 농업중앙회 김경진상무, 한국농촌공사 이종원이사등이 주민들의 의견을 직접듣기 위해 참여했다.

농촌공사 김종원 강진완도지사장의 '강진농업발전을 위한 공사의 역할' 주제발표를 통해 영농규모확대, 농가경영컨설팅과 함께 농지시장을 안정적으로 관리해야한다고 주장했다. 이어

▶일시 : 2006. 8. 25(금) 10:00~ ▶장소 : 한국농

농협중앙회 이강섭 강진군지부장은 강진농업 발전을 위해 농협은 이런일을 하고있습니다라는 주제발표등이 뒤따랐다.

코리아 스마트포럼은 국회의원 이영호 위원실에서 주관해 농어업인들의 발전과 복지향상을 위해 주민의 의견을 국가정책에 반영하기위해 마련됐다.

행사에 참여한 이영호의원은 "불투명한 농업시장속에 어려움을 겪고 있는 주민들의 목소리를 들을 수 있는 시간이었다"며 "지역내에서 주민들의 다양한 의견을 적극적으로 수렴해 국정에 반영하는 기회로 만들겠다"고 밝혔다.

| 강진신문(2006. 9. 1)

농어촌 문제는 농어촌 전문가에게

농어촌 전문 국회의원

최근 몇 년 동안 필자가 한 일 중 하나는 해외 사료시장 개척이었다. 동남아는 물론 남아메리카까지 비영어권을 다녀도 언어 사용에 별 불편함이 없었다. 그것은 필자가 외국어에 능통해서가 아니라 통역 앱을 20년 동안 사용하다 보니, 어느 나라에 가든지 AI가 내 억양과 사투리까지 모두 습득해서 정확하게 통역을 해주었기 때문이었다.

그런데 해외에 가지고 갈 제품설명서를 제작하였는데 검토 과정에서 보니 많은 부분에 오류가 있음을 발견하였다. 담당자가 한글 설명서를 구글 번역기에 돌려서 만든 것이었기 때문에 엉뚱한 용어들이 등장해 있었다.

예를들면, 동물에게 사료를 주는 효과라는 '급여 효과'라는 용어는 봉급 효과라는 'Salary effect'로 번역이 되어 있고, '양돈'은 'piggy', '비육우'는 'beef', '육성우'는 'Yook Sungwoo'와 같은 식이었다. 결국, 한자화 되어있는 용어들을 한글로 바꾸거나 상용 용어들을 찾는 등 전문가들이 투입된 후에야 팸플릿이 완성될 수 있었다.

번역기 예를 든 이유는, 직역의 오류는 대상에 대하여 피상적으로만 알고 있다면 결코 진정한 의미를 이해하지 못하기 때문에 발생하는 것이다. 이처럼, 생활양식과 삶의 터전이 전혀 다른 도시에서 농어촌과 별 상관없는 직업에 수십 년간 생활하다가 퇴직 후마치 금의환향하는 듯 지역연고를 이유로 지역구 국회의원이 되고자 하는 사람도 잘못된 번역기처럼 지역민들의 언어와 정서를 대변하겠다는 시늉만 할 것이라는 점이다.

지금은 육지와 섬이 소통도 편해지고 문화적 교류도 활발해져 의식도 바뀌었다고는 하지만, 도시인들과의 대화에서 근본적으로 저변에는 전혀 이해하지 못하는 정서들과 애환이 있다는 것을 알 수 있을까?

고종 실록에도 보면 최익현이 흑산으로 귀양을 와서 왕에게 올린 상소문이 나온다. 조선의 동방예의지국에서 여자들이 옷을 벗고 잠수

질을 하니 삼족을 멸해야 한다는 내용이다.

자산어보를 쓴 정약전의 입장도 이와 비슷하다. 그의 서간문을 보면 섬사람들은 미개하고 어리석은 족속이라 감히 상대할 수가 없다는 내용이 나온다. 그래서 정약전은 후첩을 통해 섬사람과 소통하고 옆집 학동을 통해 어류를 수집하고 자료를 모았다고 한다. 이것은 비단 흑산으로 유배를 온 137명의 양반들만의 입장이 아니라 온 조선의 많은 사대부들이 이와 비슷했다. 섬 여인네들이 엄동설한에도 옷을 벗은 채 잠수해서 해산물을 채취하며 삶을 영위해야만 했던 고단한 삶에 대한 이해는 할 수 없었을까. 추위와 수치심과 싸우며 물질로 잡아 올린 산해진미를 기록하고 예찬하던 그들의 이중성을 어떻게 평가해야 할까. 보지 않고, 겪지 않고 함께 하지 않은 오만한 이들의 편견으로 섬사람들의 애환은 더 깊어졌을 것이다.

뭍에 사는 도시인들에게는 너무나 당연한 통신이나 수도 시설이 섬사람들에게는 평생의 숙원일 수 있고, 전기요금은 동네마다 다르게 내고 있으며 서울의 몇 배에 해당하는 교통비를 지불해야 겨우 육지에 오를 수 있다는 것을 이해하지 못하였다.

도시 출신 의원들을 설득할 때 가장 애를 먹는 부분이 농어촌문제를 경제적 논리로만 생각하거나 도시와 동일하게 생각하는 것이다. 우리 농어업은 경제논리로만 해석할 수 없는 환경적·문화적·역사적인 특성과 더불어 농어촌의 특수성이 반영되어야 한다.

여름곤충이 겨울을 알 수 없듯이 특히, 농어촌 문제는 제대로 이해하지 못하고 공감하지 못한다면 절대로 해결할 수 없다는 점을 강조하고 싶다. 농어촌 문제는 농어촌 전문가만이 해결할 수 있다. 정책을 바꾸고 사람을 움직이는 것은 지위나 권력에 의한 힘이 아니라 논리적인 근거를 바탕으로 한 진심어린 정성과 설득, 끈기 있는 노력이라는 사실이다.

국회 '바다 포럼'을 만들다

국회는 입법기관이므로 각 부처마다 입법전문위원이 있다. 그들은 각 분야의 전문가들로 구성되어 의원이 법안하려는 법에 대하여 객관성과 전문성과 타당성을 심사한다. 그런데 삼면이 바다로 둘러싸인 국가의 해양수산부에 제대로 된 전문위원이 없었다는 것은 참으로 부끄러운 일이 아닐 수 없었다.

필자가 현장에 가서 일본이 한 세기 전에 만들어 놓은 행적을 확인할 때마다 가슴이 답답해져 왔다. 왜 우리들은 끼니때마다 식탁에 오르는 각종 해산물의 배후를 궁금해 하지 않는 것일까. 그래서 국회의원들과의 공감대를 형성할 수 있는 연구단체인 '바다 포럼'을 만들고자 한 것이다.

17대 국회가 개원하여 '바다 포럼'을 처음 만들 때 등록에 몹시 애를 먹었다. 어느 누구도 '바다 포럼'에 가입하려는 사람이 없기 때문이다. 국회법 규정에 의하면 연구단체를 만들기 위해서는 12명 이상 의원의 가입동의서를 받아야 하는데, 이때 다른 교섭단체에 속하는 의원이 3명 이상 있어야 한다. 게다가 의원 1인당 3개까지만 가입하게 되어 있기 때문에 연구단체를 준비하는 곳에서는 경쟁이 치열할 수밖에 없다. 게다가 소속당 중진을 중심으로 구성되는 연구단체나 이른바 '실세'들이 주도하는 연구단체에 가입 희망자가 몰리면서 필자와 같은 초선의원이 만든 '바다 포럼'에 가입하려는 사람은 없었다. 그들의 처음 반응은 그랬다. '바다? 바다에 대해서 뭘?'

그러나 나는 포기하지 않았다. 먼저 조금이라도 공통분모를 가진 의원들을 대상으로 바다의 중요성에 대해 내가 가진 모두 지식을 동원해서 설득했다. 그 다음으로 상호부조식의 다른 연구단체 가입조건으로 겨우 최소인원을 채웠다. 그만큼 바다는 국회에서 먼 불모의 땅이었다.

그래서 '바다 포럼'은 그 어느 연구단체보다 왕성한 활동을 했다. 농어촌 실정을 알리고 해양수산 발전방안을 위한 정책개발과 계몽활동 등을 꾸준히 했다. 의원회관에는 지역민들과 전국 농수산인들로 북적거렸고 세미나실은 대학교수와 학회 회원들의 열띤 논쟁이 벌어졌다.

농어촌전화촉진법 전면 개정 - 전기사업기본법으로 개정

공기와 마찬가지로 물, 전기는 현대를 사는 사람들에게는 필수 불가분한 요건이다. 필자는 국회의원이 되어 맨 먼저 농어촌전화촉진법을 개정하였다.

동일한 지역에서도 사업시행 년도에 따라서 전기사업자가 설치한 일반선로와 농어촌전화사업지역의 재정융자금 선로가 서로 혼재되어 있어 같은 지역에 거주하고 있는데도 전기요금을 다르게 지불해야하는 사태가 벌어지고 있고, 재정융자금을 지불해야 하는 지역의 주민들은 계속하여 수년간에 걸쳐 지루한 민원을 제기하며 강력한 시정 요구를 하고 있는 실정이었다. 물이나 공기처럼 당연한 그 전기가 지역주민들에게는 지속적으로 생활고를 강화시키는 요인이 되어 왔다.

농어촌전화촉진법은 전기가 공급되지 않은 농어촌에 전기를 공급하여 농어업의 생산력을 증강하고 농어업의 생활향상을 도모하기 위하여 1965년 12월에 제정되었다. 그러나 그 시행 초기부터 1990년대까지는 국고지원 없이 주민부담과 융자 및 한전 부담 등으로만 이루어져 오다가 1991년부터 개인은 일정금액만 부담하고 국가가 공사비의 일부를 부담하여 전기를 공급하는 사업으로 전환되었다. 이에 도서지역은 지방자치단체장을, 벽지지역은 전기사업자(한국전력공사)를 그 사업주체로 하여 도서지역은 10호 이상을, 벽지 지역은 5호 이상의 지역을 그 적용대상으로 사업을 실시하기에 이른다.

그러나 몇몇 문제점들이 오래 남아 지역의 경제성장과 주민들의 생활고에 가중되었다.

첫째, 이 법에 의한 농어촌전화사업은 전기 공급 요청 시 수익자 부담 원칙을 적용하여 도서·벽지 및 산간오지 지역의 주민에게 재정융자금과 자부담 및 한전 측의 부담으로 사업을 추진하여 오던 것을 1991년부터는 100만원만 주민 부담으로 일괄 조정하게 된다. 당시 상황에 의하면 획기적인 선처에 해당되었으나, 이는 시설비 재정융자에 대한 전혀 부담 없이 전기 공급을 받고 있는 도시지역의 주민과는 달리 도서·벽지지역의 주민에게는 현저히 불합리한 차별이었다.

둘째, 1965년부터 1991년 농어촌전화촉진법 개정 직전까지 한국전력공사 주관으로 '도서·낙도 전화사업'에 해당되었던 지역의 주민들은 사업시행이후 계속 주민들에 부과된 경제적 부담과 심리적 소외감으로 이중 삼중의 심각한 고통을 겪고 있는 상황이었다. 따라서 당시의 현대화 욕구가 절실하고 급변 기였던 당시와 달리 현재에 와서도 계속 부과되고 있는 주민 부담금은 마땅히 해소되어야 할 사안이었다.

셋째, 동일한 지역에서도 사업시행 년도에 따라서 전기사업자가 설치한 일반선로와 농어촌전화사업지역의 재정융자금 선로가 서로 혼재되어 있어 같은 지역에 거주하고 있는데도 전기요금을 다르게 지불해야하는 사태가 벌어지고 있고, 재정융자금을 지불해야 하는 지역의 주민들은 계속하여 수년간에 걸쳐 지루한 민원을 제기하며 강력한 시정 요구를 하고 있는 실정이었다.

넷째, 농어촌전화가설 지역에 거주하며 재정융자금을 부담하고 있던 주민이 그 지역을 벗어나 이사하는 경우에는 융자금의 부담을 덜어주고 있는 반면에, 계속 그 지역에 거주하는 주민에게는 융자금을 상환토록 함으로써 지역사회를 지키고 있는 주민에 대한 또 다른 형태의 불합리한 요인으로 작용하여 이에 대한 형평성 문제가 심각하게 대두되었다. 더욱이 농어촌의 인구는 지속적으로 감소함으로써, 거주 지역 민들이 분할하여 부담하여야 하므로 마을마다 지역마다 부담액이 매월 달라지고 이를 지방자치단체가 부담하는 경우도 생기는 등 지역마다 동일사항에 대하여 형평에 어긋나는 일도 발생하였다.

법을 제정하는 것에는 비교가 되지 않지만, 제정된 법을 개정하는 일 또한 만만치 않은 여러 절차와 과정을 거쳐야 한다. 대가없이 얻어지는 것은 아무 것도 없다는 것을 살아온 인생의 여러 마디에서 경험한 바 있지만 특히 한 나라의 법 제정에 관련된 문제는 전 생을 걸려 얻은 경험을 총동원해야 한다는 것을 의원생활 초기에 절감하게 되었다.

국회의원의 일은 권력의 힘으로 하는 것이 아니다. 논리를 개발하고 정책 대안을 제시하면서 열과 성을 다하여 설득해야만 겨우 해낼 수 있다.

무인도서 보존관리법 제정

지금은 많은 섬들 사이에 연륙교가 생겨서 소통이 자유로워졌지만 연결수단이라고는 배 밖에 없었던 시절, 섬과 섬들이 얼마나 외로웠을지 생각해 봐야 한다. 불과 얼마 전까지 지척에 있는 사람을, 소식을 그리워하는 것 밖에 할 수 없는 시절이 있었다. 이제는 서로의 왕래가 비교적 자유롭고 바닷길도 편해졌지만 여전히 섬에 사는 사람들은 불편하다.

그래서 국회의원시절 연륙, 연도를 위해 노력했고, 그 결과 완도-신지, 노화-보길, 마량-고금, 금일사동-소랑도, 해남 임하도 간을 준공하였고, 신지-고금, 노화 동천-소안 구도 간 다리를 시작할 수 있게 확정하였다.

육지부에 사는 사람들은 섬은 섬다워야 하니 연륙교나 연도교를 놓지 않아야 한다고 반대하는 이들이 많았다. 그들은 순전히 육지인 중심 사고였다.

물론 무인도서는 보존되어야 한다. 2006년 제정된 무인도서보존관리법의 근본 취지 또한 생태학적 또는 자연적으로 보전가치가 높거나 이용·개발가능성이 있는 무인도서 및 그 주변해역에 대한 체계적이고 지속적인 관리체계를 마련하기 위한 것이었다.

무인도서에 대한 보전과 이용·개발에 따른 유형별 관리방법을 채택하여 무인도서에서의 행위제한 등 그 보전에 필요한 조치와 개발방식 등 이용·개발에 필요한 사항을 함께 규정함으로써 무인도서의 훼손을 방지하고 적정한 이용·개발을 도모하는 한편, 영해의 측정을 위한 기준선이 되는 무인도서에 대하여는 별도의 특별관리계획을 수립·시행하고 그 훼손방지를 위한 근거를 마련함으로써 해양관할권의 근거가 되는 무인 도서를 체계적으로 관리할 수 있도록 하는 토대를 갖추게 되었다.

현재 도서관리는 여러 부처에 나뉘어져 있다. 490여개의 유인도는 행정자치부에서, 그리고 2,700여개의 무인도는 해양수산부, 환경부, 문화재

수산업인 개념도입에 따른 법률적 검토

국회의원 이 영 호
농림해양수산위원, 예산결산특별위원

I 발간일자(2005. 10)

청 등에서 업무영역에 따라 관리하고 있기 때문에 동일한 사안도 부처별(행정자치부:도서개발촉진법, 환경부:독도 등 도서지역의 생태계보전에 관한특별법, 해양수산부:연안관리법, 문화재청:문화재보호법)로 적용법령 및 해석에서 의견을 달리할 수 있는, 매우 비효율적인 문제를 가지고 있다.

현재 이러한 도서관리 체계의 불분명으로 우리나라 연안에 분포되어 있는 약 3,215개의 도서 중 지리적으로 겹치는 부분은 서로 관할권을 주장하여 이중 관리되는 섬도 있고 어떤 섬은 통계에서 아예 누락된 경우도 있다. 예를 들면 제주도와 전라남도 사이에 있는 하나의 섬을 제주도에서는 사수도, 전라남도에서는 장수도로 각기 명칭을 달리하여 두 개의 섬으로 관리되고 있었다.

유·무인도서가 인접해 있는 경우 이들 도서들은 상호 연계하여 통합관리가 필요하나 유·무인도의 관할부처 및 관계법령이 다르기 때문에 일관성을 갖지 못하며, 국토의 효율적 활용이라는 측면에서 무인도의 유인도화 등의 정책이 필요하나 현재는 유·무인도가 상호 괴리된 채로 관리되고 있는 실정이다.

따라서 도서의 특성과 가장 연관성이 높고 해양생태 및 환경 보전 관리업무를 담당하고 있는 해양수산부로 하여금 유·무인도를 통합하는 새로운 도서관리 체계를 마련하게 하는 한편, 도서관리 관련법령을 정비하는 등 도서 관리를 일원화함으로써 해양영토 수호와 더불어 국토의 효율적 활용방안을 강구함이 타당하다고 생각한다.

개발할 것과 지킬 것을 가려야 하는 것은 결국 지역민들이며 위정자들의 가장 큰 역할은 그 지역민들의 민심을 헤아릴 줄 아는 것이다.

ㅣ 한국생명·식량산업연구소에 걸려 있는 우리나라 중심 세계지도

문제가 해결이 안 될 때는 역지사지, 발상의 전환을 통하여 생각할 때 해법이 보일 수 있다.

우리나라는 동북아시아의 끝에 위치한 것이 아니라 동북아시아로 통하기 위한 관문이 되어야 한다. 생각을 전환하면 지도를 새로 그릴 수 있다. 그것이 지금의 우리에게 가장 중요한 원동력이 될 수 있는 것이다.

비브리오 패혈증은 법정전염병이 아니다

지금은 '비브리오 패혈증'은 전염병이 아니라 개인들이 비위생적인 해산물을 섭취해서 생긴다는 것을 온 국민들이 인지하게 된 것은 바로 바다포럼이 해온 노력의 결과라고 해도 과언이 아닐 것이다.

당시 매년 여름이면 보건복지부에서 비브리오 패혈증에 대한 경고와 발병 등에 대해 발표했다. 그때마다 각종 생선회 등 수산식품의 소비가 위축되고 있는 가운데, 식중독균에 지나지 않는 비브리오 패혈증균이 AIDS와 같은 지속적인 방역대책 수립과 관리가 필요한 제3종 법정전염병으로 지정되어, 마치수산물 전체가 병원균이나 바이러스에 오염되어 있을 가능성이 있는 것처럼 경고와 발병사실을 발표했었다.

이 발표로 일반국민들이 여름마다 수산물 소비를 기피하는 악순환이 거듭되고 있었다.

그러나 여름철마다 등장하는 비브리오 패혈증의 경우 근본적인 원인은 국민들의 식품 위생에 대한 인식부족과 유통 및 취급부주의에 있다. 애꿎은 어패류가 그 책임을 모두 지고 있는 실정이었다. 이런 사실을 알리기 위해 국회의원이 되기 훨씬 전부터 나는 신문과 잡지를 통해 보건복지부와 투쟁해 왔고 의원이 되고 나서는 5분 발언과 표결, 수차례의 시식회를 실시하며 비브리오 패혈증이 전염병이 아니라는 사실을 알리기 위해 노력했고, 1만여 장의 포스터를 제작하여 전국 횟집에 배포하여 적극적으로 동참할 것을 호소하기도 하였다.

전염병은 질병에 감염된 인간이나 동물로부터 직접적으로, 또는 모기·파리와 같은 매개체나 음식물·수건·혈액 등과 같은 비동물성 매개체에 의해 간접적으로 면역이 없는 인체에 침입하여 증식함으로써 일어나는 질병이다.

특히 전염력이 강하여 많은 사람에게 쉽게 옮아가는 질병으로써 미량의 균으로도 발병할 수 있고, 사람→매개물→사람으로의 2차 감염을 일으켜 감열 사이클이 성립된다. 그러나 식중독은 식품의 섭취로 인하여 인체에 유해한 미생물 또는 유독물질에 의하여 발생하였거나 발생한 것으로 판단되는 감염성 또는 독소형 질환으로써 발병에 다량의 균이 필요하고 원칙적으로 사람에게 제2차 감염이 일어나지 않는 종말감염이며 잠복기도 전염병에 비해 훨씬 짧은 편이다.

지금도 마찬가지다. 비브리오 패혈증 균은 전염성을 가진 균이 아니라 식중독을 일으키는 균이다. 이 말은 관리만 잘하면 아무런 문제가 없다는 말이다.

전염병과 식중독의 차이점으로 볼 때, 비브리오 패혈증 균이 전염병의 특성에 해당되는 항목은 감염될 위험성이 있다는 점뿐이며 나머지 특성은 모두 식중독에 해당된다. 더구나 감염이 되는 사람도 습관성 음주자, 간질환자, 면역능력 저하자, 당뇨병 등 기초질환을 가지고 있는 사람들이 대부분이다. 특히 미국의 질병통제센터, 일본의 국립감염증 연구소는 모두 비브리오 패혈증 균이 사람에서 사람으로 전염되지 않으며, 건강한 사람은 거의 감염되지 않는다고 발표하고 있다. 이상의 내용으로 볼 때, 비브리오 패혈증은 전염병이라기보다는 식중독에 가까운 질병이라 할 수 있다.

비브리오 패혈증 균이 질병을 일으키고, 또 감염이 되면 치사율이 높기 때문에 국민의 건강 및 안전 확보를 위하여 엄격한 관리를 하는 것이 당연하며, 국민의 건강을 보호하고 유지하기 위한 노력은 아무리 강조해도 지나치지 않다.

그러나 잘못되거나 혹은 과도한 규제 및 언론보도와 과잉반응으로 인하여 국민의 정상적인 경제활동이나 생활이 영향을 받는다면 모자라는 것보다 못할 수도 있다는 사실을 한 명이라도 더 많은 사람들에게 홍보하기 위해서 국회내 의원회관보다 더 좋은 장소는 없다는 것이 내 생각이었다. 결과는 대성공이었다. 처음에는 "비린내 나는 생선 시식회를 신성한 국회에서 하느냐"며 쏟아지던 불만의 눈초리도 몇 번의 시식회를 통해 한결 따뜻해졌고 본 척도 하지 않던 기자들 중에도 관심을 갖는 사람들이 늘어났다.

진심은 역시 통하는 법이다. 나는 의원회관에서 비브리오 패혈증으로 온 나라가 술렁거릴 때 회 시식회를 했다. 비브리오 패혈증이 전염병이 아님을 직접 증명하기 위해서였다. 국회에 상주하는 직원만 5천여 명에 가깝고 기자들이 항상 들락거리는 그곳은 홍보를 하기에 최적의 장소였다. 신성한 국회에서 먹거리를 늘어놓았으니 다른 의원들의 시선이 고울 리가 없었다. 그러나 나는 보고도 못 본 척, 들어도 못 들은 척 하며 내가 옳다고 생각하는 데로 움직였다. 매년 비브리오 패혈증 주의보로 타격을 입고 휘청거리는 수산식품 관련기업, 특히 생선회를 비롯한 활선어나 패류취급 생산어업인과 횟집을 비롯한 기업체들의 경제적 손실을 그냥 두고만 볼 수 없었다.

이런 상황에서 범국민적 공감대 형성을 위하여 2005년 4월 국회의원회관 소회의실에서 비브리오 패혈증 법정 전염병 지정해제를 위한 세미나를 개최하였다. 비브리오 패혈증을 법정전염병에서 제외해야 한다

는 객관 타당한 사실을 널리 알리기 위한 세미나에 국회의장을 비롯한 관심 있는 여러 국회의원들과 학계 및 보건의료계, 수산 및 외식산업종사자 전문가 집단 등 500여명이 참석하였다.

이후 2005년 5월 삼성동 COEX 1층 태평양 홀에서 '비브리오 패혈증 법정전염병 지정해제'를 위한 서명운동을 실시하였다. 나흘간 이뤄진 서명운동에 해양수산부장관 이외에 수산관련단체장부터 일반국민에 이르기까지 남녀노소를 불문하고 많은 사람들이 서명운동에 동참했으며 동참한 사람은 1천여 명에 이르렀다. 그러나 현재도 법률안 심의는 답보상태에 머물러 있다.

여러 세미나와 행사를 통해 비브리오 패혈증의 법정전염병 지정이 부당하다는 점과 이로 인한 국민들의 피해, 국가의 경제적 손실에 대해 피력하였고 2005년 국회보에 "방고측격(旁敲側擊-대들보에 앉은 새를

쫓기 위해 기둥을 너무 세게 쳐서 대들보를 내려앉게 하는 것)'의 우를 범하지 말아 달라"는 기고문을 게재하고 전국에 "비브리오 패혈증은 법정전염병이 아닙니다! 라는 포스터를 제작 홍보하는 등 다각적인 노력을 기울이고 있음에도 여전히 보건복지부는 반대 의견을 굽히지 않고 있다. 참으로 답답한 일이 아닐 수 없다. 그러나 나는 여

전히 긍정적인 사람이고 세월의 힘을 믿는 사람이다. 단번에 세상을 바꾸자는 헛된 욕심은 없다. 다만 조금씩 쉬지 않고 내가 온 거리와 내가 가야할 거리를 가늠하며 지치지 않는 것이 중요하다고 스스로에게 다짐하며 감사한다.

농어촌 전문 국회의원으로서 책무

도시와 농어촌의 균형발전

국가의 경제성장이 되면 우리 농어촌의 소득 수준도 향상되고 삶의 질 또한 개선된 것은 맞다. 그러나 절대 빈곤은 면하였다고는 하지만, 도시와 도시인에게 편중되어 있는 정책에 비해 농어촌문제와 농어업인의 문제는 아직도 많은 부분이 개선되어야 한다.

예전 위정자들은 '농자천하지대본야(農者天下之大本也)'라는 말을 많이 썼다. 농수산업이 주산업이었고 농수산업에 종사하는 국민이 많으니 표를 의식해서 농수산업과 농어촌 지원정책도 많이 내 놓았다. 그런데 지금의 정치권과 행정부는 농어업인들에 대한 관심이 별로 없다. 1980년대에는 농업인이 1,000만이었는데 2022년도 통계에 따르면 농가인구는 216만 명으로 전체 인구의 4%에 불과하다. 더구나 농어업인 고령화 율이 50%에 달하고 있으니 관심 밖인 것이다.

투표율과 투표수로 가치를 매김 하는 정치논리에 따라서 지역구 국회의원 253명 중에 인구 밀집지역인 수도권에 국회의원 121명이 배정되어 있고, 국토의 나머지 지역에 132명이 배정되어 있는데 그나마 30대 도시 지역을 제하고 나면 60여명에 불과한 실정이다. 산업화와 도시화에 따라 경제논리로 가치를 부여하는 시대상을 반영하듯 농업인의 목소리는 줄어들고 농촌 또한 그 세력이 점점 위축되어가고 있는 것이 현실이다.

| 발간일자(2005. 10)

필자는 정치를 위한 정치인이 아니라 국민의 목소리에 기초한 합리적이고 효율적인 정책개발과 입법활동으로 전문능력을 가진 정치인이 되고자 노력해왔다.

하지만 국가경쟁력과 경제적 가치가 가장 우선시 되는 근대화의 과정에서 소외되고 위축된 우리 농수산업과 농어촌 문제는 곧바로 효과가 나타나는 것도 뚜렷한 수익자들이 있는 것도 아니다. 거시적이고 광범위하며 장기적이다,

도시와 농어촌의 균형발전 차원에서 해결하기에는 누적된 문제점이 너무 많았고 상대적으로 격차가 너무 커서 당장 그 변화와 성과를 피부로 체감하기에는 어려운 점이 있는 것도 사실이다.

국가의 경제적 위상은 높아져도 국민의 행복 수준이 낮다면 이는 옳지 않다. 결국 가장 중요한 문제는 균형과 조화가 이루어져야 한다.

농어촌의 특수성과 생명산업으로서의 농수산업의 본래 가치를 재평가하여 국가 정책과 법률안에 적용해야 한다는 생각에는 변함이 없다.

답보상태에 빠져있는 지역현안 사업들

필자가 열정적으로 추진하다가 중단할 수밖에 없었던 사안들의 현주소와 십 수년이 지나도록 답보상태에 있는 농어업과 농어촌의 문제들을 몇 가지 제시하고자 한다.

왜? 해조류의 이산화탄소 흡수원으로서의 유용성 과제가 그토록 활발하게 추진되었었는데 2008년 이후 2023년 10월 현재까지 답보 상태에 있는 것일까?

왜? 2005년에 광주~완도 간 고속도로 설계예산을 확보했고, 2012년까지 마무리하도록 추진했는데, 아직까지 추진되지 못하고 있는가?

서울신문

광주~완도 고속도로 2012년 개통

입력 2005.08.18. 오전 9:09

👍 공감   💬 댓글   ⟳ ⤮ 가가 ⌸ 🖨

[서울신문]광주에서 완도를 잇는 고속도로가 늦어도 2012년까지 뚫린다. 전남도는 17일 "사업비 1조 5170억원을 들여 전남 나주에서 해남 남창까지 74km에 이르는 광주~완도 고속도로를 2012년까지 마무리할 계획"이라고 밝혔다.

33억원을 들여 노선 등 기본설계에 들어갔고 이를 내년 말까지 마치면 늦어도 2007년부터 실시설계에 들어간다는 것이다.

전남도 관계자는 "계획 중인 광주 3순환도로 구간인 전남 나주시 금천면에서 접속해 영암읍과 강진 성전면을 거쳐 해남군 북평면 남창리가 종점"이라고 설명했다. 남창리에서 완도읍까지는 현재 구간별로 진행중인 국도 4차로 확장공사가 마무리되면 고속도로와 연결한다.

고속도로가 완공되면 광주에서 완도까지는 차량 운행시간이 현재 2시간30분대에서 1시간20분대로 줄어들게 된다.

왜? 식량안보를 주장하면서도 아직도 식량자급률에 대한 목표 설정 및 이에 대한 법 체계화가 이루어지지 않고 있고, 식량은 식량자급률, 주곡자급률로 나누는 꼼수를 보이며, 세계 식량학자들이 보편적으로 사용하는 식량(주곡)자급률은 도시형의 국가를 제외하고는 기본적 요건 40%이상이어야 국가로 인정하는데, 대한민국은 이에 부합하지 않은 식량자급률 19%대로 하락하였을까?

왜? OECD 10위 안에 드는 대한민국에서 아직도 식수난에 허덕이는 면 단위가 있을까?

| 전남 서부권 장흥, 강진, 해남, 진도, 완도에 탐진댐 상수도 공급(2007.5.30.)

왜? 선진농촌, 선진농업으로 탈바꿈하지 못한 채 아직도 7,80년대 개발연대의 패러다임에 묶여있고 범법자를 양산하고 있을까? 농지의 합리적 이용과 경자유전의 원칙은 현실에 맞는가?

| 발간일자(2005. 10)

연륙· 연도사업이 답보 상태에 있을까?

I 환경부 연도 사업1호(노화–보길대교 준공)

완도군, 설계비 10억 국비 확보 쾌거

전남 완도군의 최대 숙원사업인 국도77호선 신지~고금 연육교 사업이 본격적으로 추진될 전망이다.

3일 완도군에 따르면 신지대교 개통과 더불어 국도77호선의 마지막구간인 신지~고금 연육교 사업시행의 첫 관문인 예비타당성 조사를 시행하기 위해 지난 2005년부터 사업계획을 수립, 중앙부처에 건의하는 등 발빠르게 대처했다.

❙ 국회 예결위원으로서 사업추진 설계비 확보

제목	고금대교 오늘 역사적 개통	
등록일	2007-06-29 오전 9:54:02	첨부파일

입력날짜 : 2007. 06.29. 00:00

완도군 고금도와 강진군 마량면을 연결하는 연륙교인 '고금대교'가 6년여 공사 끝에 완공돼 웅장한 모습을 드러냈다. 이 대교는 형상이 아름다운 챗불형 교각에 상판이 강아치 형식이며 교량 760m와 접속도로 등 총 4천710m 건설에 모두 743억원이 투입됐다. /김기석기자 pj21@kjdaily.com

강진 마량-완도 고금면 하나로
총연장 760m 챗불형 교각 등 첨단토목기술 총망라
남양건설(주) 공사비 232억 선부담 개통 4년 앞당겨
물류비 절감. 관광활성화 기대…완도서 마량까지 '陸地化' 눈앞

도시와 차별화되는 농어촌의 특성을 살려서 선진화 할 수 있도록 정책을 수립하고 개발하여 도시와 농어촌 간에 상호 조화와 균형을 이루어 성장 발전할 수는 없는 것일까? 도심권의 농지와 그이용 도시농업이 가능하다고 보는가?

I 발간일자(2005. 10)

I 발간일자(2005. 10)

농어업은 1차 산업 생산이라는 기본목표에 의해 농사를 지으면서 품위 있게 고수익을 올릴 수 있는 벤처농기업과 관광자원으로서 농촌을 탈바꿈시킬 있는 가공, 유통, 농어촌관광 등 4차, 6차 산업의 틀로 변화를 주도하여야 하는데, 식량생산을 하는 척 하는 실제 농업인 보다 가짜 농업인을 양성하고 있을까?

기본적으로 식량·생명 산업인 농수산업은 탄소중립의 최댓값을 창조하여 기후위기에 대응할 수 있으며 이의 성과를 합리적으로 나눌 수 있는데, 농어업인들에게 각종 농어업보조금을 풀어 기본 식량 작물 보다 보조금을 받는 특정 기타 사업을 하도록 하며, 첨단농업, 스마트 농업을 한다면서 탄소중립에 배치되는 에너지 투입 농어업을 권장할까?

| 발간일자(2005. 10)

입법기관인 국회의 국회의원과 사무처, 정책수립 및 실행 행정부 주무부처인 농림축산식품부, 해양수산부에 실제 관련 전공을 하는 사람보다 행정, 경영, 법률가들이 정책 결정 요직에 있고, 관련전공자라 할지라도 직접 농사를 짓거나, 배를 타고 어로를 해본 경험자가 없을까?

| 발간일자(2005. 10)

위에서 제기한 의문점에 대한 해답은, 이의 실행을 애써 외면하거나 농어촌과 농어업인의 실정을 알지 못하는 정치인들의 무지로 인한 국회입법의 미비, 행정부의 정책입안 실행이 따르지 못하기 때문이다.

결국, "미치지 않으면 미치지 못한다."는 말처럼 농어촌, 농어업인의 실정을 아는 사람이 나서지 않으면 해결할 수 없기 때문이다. 다시 정치판에 나서는 것이 미친 짓인 줄 알면서도…….

이영호의원 세액공제 입법안 발의

'세액공제' 제도란 원양어선을 타는 선원의 종합소득에 산출 세액의 50%를 경감해 주는 제도로 지난 1995년 폐지되면서 현재는 국외근로자에 대해 월 150만원의 소득공제 제도가 시행되고 있다.

한국원양어업협회에 따르면 지난 1995년 국외근로소득 세액공제가 폐지되고 비과세 소득공제로 전환됨에 따라 원양어선을 타는 선원의 소득에 부담은 전반적으로 완화됐지만 선장, 기관장 등 고임금 핵심간부선원의 소득에 부담은 오히려 늘었다. 특히 원양어선을 이끄는 핵심간부선원들의 소득세 부담 증가는 근로의욕을 저하시키는 한편 새롭게 떠오르고 있는 대만 등 외국으로 유능한 간부선원들의 이탈(이직)이 점차 증가하는 등 인력확보에도 문제가 발생, 원양어선원 소득세 경감 혜택이 필요하다는 것이다.

이 의원 등이 국회에 제출한 소득세법 개정안은 원양어업선박 또는 북한지역 항행 선박에서 일하고 급여를 받는 근로자들에 대해서만 적용되는 '국외근로소득세액공제' 제도를 도로 입혀 일정한 소득세 혜택을 주자는 내용이다. '국외근로소득

┃수산신문(2005. 7. 18)

외국인 해기사 어선 승선 추진
이영호 의원 선박직원법 개정안 발의

외국인 해기사의 승선이 금지돼 있는 어선에도 외국인 해기사를 승선시킬 수 있는 길이 열릴 전망이다.

열린우리당 이영호(강진 완도) 의원 등 국회의원 21명은 국제협약상 적용에서 제외된 선박에 대해서도 적합한 해기사자격을 가진 외국 사관들의 승선이 가능하도록 하는 내용의 선박직원법 일부 개정법률안을 지난달 30일 국회에 제출했다.

이 의원은 개정법률안 제안 설명에서 "국민생활수준의 향상과 함께 수산업이 3대 기피업종으로 인식돼 선박에 승선하고자 하는 국내 해기사가 급속히 줄어들어 구인난이 심화되고 있으나, 외국인 해기사 승선제도는 상선에만 적용되고 있어 어선 및 기타 선박의 해기사 확보에 어려움이 있다'고 지적했다.

이 의원은 "따라서 외국인 해기사 승선제도를 어선 및 기타 선박에도 적용할 수 있게 함으로써 외국의 우수인력 확보를 통한 수산업 등의 원활한 경제활동 지원은 물론 중요한 국내외 수산자원을 지속적으로 확보하고 안정적으로 공급해 국민경제에 이바지하려는 것"이라고 설명했다.

현재 국회에 계류중인 이 법률안은 오는 10월 1일부터 시행하는 것으로 돼 있다.

┃수산신문(2005. 7. 18)

제 2 장

기후변화 협약

- 지구의 위기
- 기후변화 협약
- 탄소중립을 위한 국내외 동향

지구의 위기

바다도 뜨거워지고 있다

지구온난화에 의한 해수면의 상승과 폭염, 가뭄, 홍수, 태풍 등 이상기후 현상들이 더 빈번하고 강력하게 다가오고 있다. 지구의 환경문제는 어느 한 국가만의 문제가 아니고 전 지구적인 문제가 되었다.

바다온도가 지속적으로 상승하고 있는 것은 산업화 등으로 인한 지구 온난화로 현재 뜨거워지고 있는 지구의 열을 대부분 바다가 흡수하여 식히고 있는데 한계점에 도달하고 있는 것이다. 바다 수온이 상승하면 바다 속 산소가 줄어들고, 뜨거운 바다 표면이 심해와 섞이지 못하며 심해의 영양분이 교환되지 못하여 플랑크톤이나 크릴새우 등이 감소하고 이는 결국 물고기 감소 등으로 먹이 사슬의 붕괴를 초래한다.

지구 온난화로 인한 피해는 날로 심각해지고 있다. 해마다 되풀이되는 양식 어종들의 폐사나 녹조류의 범람, 해파리 떼의 기승들이 모두 그로 인한 피해들이다. 눈이 조금만 내려도, 비가 조금만 많이 와도 기능이 마비되는 도시의 거대한 시스템과 마찬가지로 해수면의 온도가 조금만 높아져도 바다 생태계의 질서는 무너진다.

바다 수온이 상승하면 바다 속 산소가 줄어든다. 산소가 줄어든 바다를 데드존(Dead Zone)이라고 하는데 이곳에서 물고기의 떼죽음이 발생한다. 1960년대 45곳이던 데드존이 2022년에는 700곳이 되었다.

2015년 북태평양 캘리포니아 앞바다에서 바다 수온이 비정상적으로 높아지는 해양 열파의 영향으로 수십만 마리의 바다 새와 바다사자가 떼죽음을 당했다.

2021년 7월 밴쿠버에서도 해양열파가 발생하여 홍합 10억 마리가 폐사하고, 연어들도 화상과 병균에 시달리면서 폐사했다는 소식이 줄

을 잇고 있다.

우리나라 연안해역도 예외는 아니다. 2022년 10월 경남 창원시 마산면 앞바다에 폐사한 약 200톤의 정어리떼가 떠올랐었는데, 2023년 10월에도 같은 현상이 반복되고 있다. 또한, 제주도 바다의 겨울 수온이 36년간 3.6도 상승하여 지금의 제주도 바다는 기존에 서식했던 다양한 해양생물이나 해조류가 사라지고 아열대 생물들이 나타나고 있다.

전 세계 기후에 영향을 미치는 엘니뇨의 발달 가능성도 있다. 지난 3년 동안 적도 부근 열대 태평양에선 라니냐(무역풍이 강해져 동태평양 수온이 떨어지는 현상)가 발달했다. 라니냐는 기후 온난화를 어느 정도 억제하는 역할을 한다. 그런데 기후학자들은 올겨울 엘니뇨가 발달할 것으로 예상하고 있어 지구 온도를 더 높이는 원인이 될 수도 있을 것 같아서 매우 우려되는 상황이라 할 수 있다.

심각한 해양오염

바다는 우리 인류 생명의 모태이다. 뿐만 아니라 수산자원이 서식하는 터전이다. 해양오염은 다양한 경로로 수산자원과 인간에게 질병을 유발할 수 있으며 연안오염이 심화되는 것과 더불어 오염의 원인이 되는 질병은 계속 증가하는 추세에 있다.

물론 대부분의 국가에서 생활수준의 향상과 함께 보건위생에 대한 투자가 확대되고 이들 질병이 인간에게 영향을 미치는 경우는 크게 줄었다. 그러나 해양생물에 질병이 발생하면 생물종이 줄어들 수 있을 뿐만 아니라 수산물의 성장과 번식을 저해시켜 수산자원의 양 자체가 심각하게 감소할 수도 있다.

해양 오염은 산업혁명 이후 빠르게 진행되었다. 해양 쓰레기, 원유 유출, 미세플라스틱 등으로 해양오염은 수온 상승과 함께 바다 생명 체들을 위협하고 결국 부메랑이 되어 인류 생명을 위협하게 되었다.

해양 오염의 가장 정점에 있는 원인은 인간이다. 인간의 지나친 욕심에 의한 산업화로 인해 엔트로피의 증가와 더불어 버려지는 생활용품과 플라스틱이 지구를 병들게 하고 있다.

20세기초에 등장한 플라스틱 소재는 1950년부터 2015년까지 70년 동안 83억 톤이 생산되었고, 이 중 상당량이 바로 바다에 버려지고 있다. 온 지구에서 인간과 가축의 총질량이 40억 톤인데 2배가 넘는 플라스틱이 뒤덮고 있는 셈이다.

코스타리카 해변에 서식하는 올리브 바다거북의 절반 이상이 몸속에 플라스틱을 지니고 있다. 그물에 목이 걸려 죽고 빨대가 코에 박힌 경우도 있다. 물새들도 플라스틱 끈에 갇혀서 몸이 기형적으로 자라나는 경우도 있다.

북태평양에 서식하는 어미 새 앨버트로스는 크릴새우와 비슷한 냄새가 나는 플라스틱 조각들을 크릴새우로 오인하여 새끼에게 물어다 먹이고 있다. 이 새의 90%가 플라스틱을 먹고 있고 매년 100만 마리 이상이 플라스틱으로 인해 죽고 있다.

우리가 바로 인식할 수 있는 해양오염 외에 보이지 않는 오염도 심각한 상태이다. 그것은 바로 미세플라스틱에 의한 오염이다.

미세플라스틱은 지름 5mm미만의 작은 플라스틱 조각을 말하는데 아예 눈에 보이지 않는 것들도 허다하다. 미세플라스틱은 화학물질이어서 기본적으로 유해성분을 포함하고 분해 과정에서 오염물질 흡수로 독성이 더 강해진다.

독일에서 전 세계 바다 12,000개 지점의 플라스틱 오염 현황을 조사하였다. 1제곱킬로미터당 3천개 이상의 쓰레기와 20만개 이상의 미세플라스틱이 발견되었다. 미세플라스틱은 바다 수증기와 함께 증발하여 구름을 형성하고 전 세계에 플라스틱 비를 내린다. 심지어 알프스 정상에서도 비와 눈이 되어 내린 미세플라스틱이 발견되고 있다. 우리가 버린 쓰레기가 돌고 돌아 결국 지구 생명체들의 몸에 침투하게 되는 것이다.

우리나라 해양 쓰레기도 예외는 아니다. 하구 부근에서는 강을 통해 흘러들어간 쓰레기가 그물에 가득차 올라오는 경우도 비일비재하고, 남해의 먼 바다에서도 도시의 쓰레기가 밀려와 있다.

우리나라에서는 매년 수 백 억원의 어장 정화사업비가 지출되고 있지만, 오염의 근본을 치유하는데는 사용되지 못하고 있다. 쓰레기를 치우는 비용에 비해 쓰레기를 줄이고 버리지 않게 하는 투자에는 너무 인색했던 것이다.

바다 쓰레기 문제는 어업인이나 선원들의 문제라고 생각하는 사람들도 있을지 모른다. 그러나 하천을 통해 엄청난 양의 육상 쓰레기가 바다로 흘러가고 있다. 선박 기원의 쓰레기를 철저히 단속하기 시작한 후에도 바다 쓰레기는 좀처럼 줄어들지 않고 있다는 자료도 이같은 사실을 반증하는 것이다. 바다 쓰레기 문제는 육상 쓰레기 문제의 연장선상에 놓여 있다.

결국, 해양 쓰레기 오염을 줄이기 위해서는 민간에 대한 홍보 교육이다. 바다 쓰레기 오염을 해결하는 방안 중에서 가장 효과적이고 실질적인 방법은 광범위한 환경교육과 일반인들이 참여하는 해변 정화사업이다. 교육과 습관만이 근본적인 문제해결 방법이 될 것이다.

해양 유류오염

1970년부터 2022년까지 약 1만 건의 원유 유출 사고가 발생하였다. 2010년 멕시코만 딥워터 호라이즌 호 시추선이 메탄가스로 폭발하여 8억 리터의 기름이 유출되었다. 이 사고로 기름이 미국 남부 해안을 덮쳤고, 수천마리의 펠리컨과 거북이 등 수많은 생물이 떼죽음을 당했다.

1995년 이전에는 거의 발생하지 않았던 적조가 이제는 해마다 발생하여 양식업에 엄청난 피해를 가져오고 있지만 그 원인과 근본적인 해결방안을 고민하는 사람도 없다.

그 해는 씨프린스호 사건이 발생한 해이다. 이 사건은 우리나라 해양오염사에 길이 남을 사건이다. 당시 사고로 인하여 전남 여천에서부터 울산-포항 해역까지 총 73.2 km 해안선이 기름 범벅이 되고 어업인 피해액이 443억 5,600만원이었다고 기록되고 있다. 당시 오염지역의 바다생물들은 거의 전부 폐사했다고 해도 과언이 아니다. 사고 2년 후, 해안가와 바다 밑바닥에 기름 성분이 스며들어 조개류 양식장은 황폐화 되었고, 바다 밑 바닥 저서생물의 종류도 199종에서 151종으로 줄어들었다. 그러나 그것은 시작이었다.

유류방제 작업이 진행 중이던 그해 9월 2일부터 코쿨리듐에 의한 적조가 여천에서부터 광범위하게 발생하여 약 2개월 동안 지속되었다. 그 원인이 씨프린스호 좌초에 비롯되었음을 짐작하기란 어렵지 않다. 당시 나를 포함한 현장담당자들은 적조와 유류 유출의 상관성에 대하여 조사보고 하였다.

그런데 상부기관(수산청, 국립수산과학원)은 유조선 좌초와 적조는 직접적으로는 상관없다고 발표하였다. 자칭 적조 전문가라는 자들의 조사결과가 그대로 반영된 발표였다. 그 발표를 인정할 수 없어서 나는 백방으로 뛰어다녔다. 그래서 당시 농림수산위 소속이었던 국회의원들께 이러한 사실을 설명하고 국회차원에서 조사해 줄 것을 요청하였다. 그러나 그 당시 국회에는 바다를 아는 사람이 아무도 없었다. 전문가들이 없는 조사가 제대로 된 조사일리 만무했다.

적조와 유류유출의 상관성이 인정된다면 외국재보험회사로부터 어업인들이 보상받을 수 있는 보상액은 약 5,000억 정도 되었을 것으로 필자는 추정하였으나, 당시 관련기관 및 국회에서 조차 이를 인정해 주지 않았다. 그 피해는 고스란히 어업인들이 떠안았다. 이후 피해 어업인들에게 보상이 이루어졌지만, 그 보상액은 어업인들의 신고액에 10% 정도에 불과 했다.

이후 많은 사람들의 기억에서 잊혔지만 적조는 이제 해마다 바다를 물들였다.

그런데 어느 때부터는 공공연하게 '유류오염이 적조발생의 원인이다'고 하고 있다.

　2007년 12월 7일에도 태안 해변에 기름유출 사고가 있었다. 이 사고로 인해 약 1만2547리터의 기름이 태안 바다에 유출되면서 태안의 해안과 그곳에 사는 해양 생명체 그리고 수 많은 주민들의 생업에 직접적인 타격을 입혔다.　이때 사고를 일으킨 기업보다도 수많은 국민들이 자발적으로 봉사활동으로 기름을 걷어내는데 힘을 보탰던 기억들을 모두 기억하리라.

　국제 환경단체들의 연구에 따르면 이렇게 해양에서 바로 원유가 유출되는 이외에,

　육지부의 자동차와 해상을 운행하는 선박에서 매년 100만 톤의 기름이 바다로 스며드는 것으로 조사되고 있어 바다는 끊임없이 오염되고 있는 상황이다.

바다의 산성화

햇빛에 닿은 해양쓰레기가 화학 분해하고 이산화탄소를 발생하면서 바다는 급속히 산성화 되고 있다. 1990년 이후 pH가 0.018 낮아졌다.

20세기 지구 평균 기온은 0.6°C 상승하였고, 해마다 상승속도는 점차 빠르게 진행되고 있다. 폭염으로 수많은 사람들이 사망하였고, 극지방의 얼음 두께는 최근 들어 40%정도 얇아지고 있다.

기후학자 사이에서는 '임계연쇄반응'이 시작된 게 아니냐는 우려가 나온다. 임계연쇄반응이란, 기후변화에 관한 여러 지표가 '임계점(Tipping Point)'을 넘어서면서 서로 영향을 주고받아 연쇄적으로 증폭되는 것을 의미한다.

제이슨 브리너 미국 버팔로대 교수팀은 그린란드 빙상이 녹는 속도를 측정하다 예상보다 빠른 변화에 깜짝 놀랐다. 산업시대 이전에는 매년 6조t의 빙상이 녹았다. 2000년대 이후 그 속도가 빨라져 연 6조 1000억t 수준의 빙상이 사라지고 있다. 시뮬레이션 기법으로 기후변화가 진행될 21세기 빙상 감소율을 계산해 본 결과, 연간 최소 8조8000억t에서 35조9000억t까지 녹을 것으로 나타났다. 연구팀은 최근 1만 2000년 사이에 가장 큰 감소 속도라고 우려했다.

세계 환경의 전례 없는 변화를 경고하는 연구는 최근 부쩍 자주 발표되고 있다.

잉고 사스겐 독일 알프레드 베게너 연구소 연구원팀 역시 학술지 '지구환경 커뮤니케이션스'에 2019년 그린란드의 빙상 유실률이 역대 최고 기록을 경신했다고 밝혔다. 연구팀은 2003~2019년 사이 그린란드 빙상 유실 상황을 위성 영상으로 측정했다.

매년 얼음이 녹아 빙상이 줄어드는 모습이 포착됐다. 특히 2019년 한 해 동안 5320억t이 녹아 역대 가장 많은 유실량을 기록했다. 연구팀은 "지난해 1~7월까지의 유실량만 봐도 2003~2016년 기록한 연평균 유실량을 약 50% 초과했다"고 밝혔다. 3월 미국 어바인 캘리포니아대 연구팀 역시 거의 비슷한 결과를 국제학술지 '지구물리연구레터스'에 발표했다.

지난 100년 동안 지구 해수면의 높이가 10~25cm 상승하여 투발루, 몰디브, 파푸아뉴기니 등 남태평양 섬나라가 물에 잠기는 기상 이변과 육지부의 사막화가 급속히 진행되고 있다.

이러한 지구의 위기 상황은 세계적으로 온실가스 배출량이 증가가 지구온난화의 원인으로 주목되고 있다. 산업혁명 이후 인간은 화석연료의 무분별한 사용으로 많은 양의 이산화탄소를 대기로 방출하였다. 이산화탄소의 적외선 흡수로 대기가 더워지는 지구 온난화 현상으로 지구촌의 기후가 이상 증후군을 나타내고 있다.

애니메이션 영화 '니모를 찾아서'의 배경인 호주의 그레이트 매리어 리프(Great Barrier Reef)에는 형형색색 아름다웠던 산호초들의 90% 이상이 백화현상을 겪고 있다. 세계유산위원회는 2021년 이곳을 '위험' 등급을 매김으로써 호주정부는 이를 해소하고 회복하기 위해 심혈을 기울이고 있다.

기후변화 협약

우리도 기후변화협약 당사국

세계의 인구 증가와 무분별한 개발, 특히 화석연료의 과다 사용으로 지구 환경은 환경 훼손과 자원 부족으로 지구의 미래가 걱정되는 심각한 위기에 처하게 되었다.

지구 환경의 위기 중, 지구 온난화는 장·단기 변화와 국지적 또는 전 지구적 기후 변화는 물론, 필연적으로 예상되는 해수면 상승과 해수 순환 이상을 초래할 수 있는 중대한 문제로 인식되어 전 지구적으로 국제적인 대책 수립이 논의되었다.

1980년대 들어 이상기후로 인한 자연재해가 세계 각지에서 빈발하면서 지구온난화에 대한 논쟁이 치열해졌고, 1988년에는 미국 전역을 휩쓴 극심한 가뭄으로 미 상원 공청회에서 지구 온난화문제가 처음으로 제기되었다.

전세계적으로 지구온난화에 관한 과학적 근거가 필요하다는 인식이 확산되면서 1988년 세계환경기구(UNEP)와 세계기상기구(WMO)가 공동으로 설립한 국제 과학자 그룹인 기후변화에 관한 정부간 협의체(IPCC)가 활동을 시작하였고, 1989년 UNEP 각료 이사회에서 조약교섭, 1990년 세계기후회의 각료선언으로 이어졌다.

기후변화협약(United Nations Framework Convention on Climate Change, UNFCCC)은 지구온난화를 완화시키기 위하여 1992년 '리우환경회의'에서 채택된 국제 환경협약('94. 3 발효)이 시초이며, 당사국은 189개국이 비준하였다. 우리나라는 1993년 47번째로 가입하였다.

이 협약에서는 차별화된 공동부담 원칙에 따라 가입 당사국을 부속서I 국가와 비부속서II 국가로 구분하여 각기 다른 의무를 부담하기로 결정하였다.

부속서 I (Annex I) 국가는 협약체결 당시 OECD 24개국과 동구권 11개국의 35개국과 EU로 구성되어 있었으나 제3차 당사국총회(COP3)에서 5개국(크로아티아, 슬로바키아, 슬로베니아, 리히텐슈타인 및 모나코)이 추가로 가입하여 현재 40개국과 EU로 구성되어 있다.

부속서 II (Annex II) 국가는 부속서 I 국가에서 동구권 국가가 제외된 국가군으로 OECD 24개국과 EU로 구성되어 있다.

의무는 모든 가입국이 부담하는 공통의무와 일부 회원국이 부담하는 특정의무사항으로 구분하며, 우리나라는 개도국(非부속서 I 국가)의 지위로 1993년 12월 가입하여 공통의무만 부담하였다.

기후변화협약은 인류의 활동에 의해 발생되는 위험하고 인위적인 영향이 기후 시스템에 미치지 않도록 대기 중 온실가스의 농도를 안정화시키는 것을 궁극적인 목적으로 한다.

또한 기후변화에 대한 과학적 확실성의 부족이 지구온난화 방지조치를 연기하는 이유가 될 수 없음을 강조한 기후변화의 예측·방지를 위한 예방적 조치의 시행, 모든 국가의 지속가능한 성장의 보장 등을 기본원칙으로 하고 있다.

선진국은 과거로부터 발전을 이루어오면서 대기 중으로 온실가스를 배출한 역사적 책임이 있으므로 선도적 역할을 수행하도록 하고, 개발도상국에는 현재의 개발 상황에 대한 특수 사정을 배려하되 공동의 차별화된 책임과 능력에 입각한 의무부담이 부여되어 있다.

공통의무사항으로는 각국은 모든 온실가스의 배출량 통계 및 국가이행사항을 당사국총회에 제출(선진국은 협약 발효 후 6개월, 개발도상국은 3년 이내) 해야 하며, 기후변화방지에 기여하는 국가정책을 수립·시행해야 하고 이를 당사국총회에 보고해야 한다.

차별화 원칙을 따라 협약 당사국 중 부속서I, 부속서II, 비부속서 국가로 구분하여 각기 다른 의무를 부담토록 규정하는 특정 의무사항이 있다.

역사적인 책임을 이유로 부속서 I 국가는 온실가스 배출량을 1990년 수준으로 감축하기 위하여 노력하도록 규정하였으며, 부속서II 국가는 감축 노력과 함께 온실가스감축을 위해 개도국에 대한 재정지원 및 기술이전의 의무를 가진다.

교토의정서의 체결

기후변화협약에서 선진국 자체적으로 온실가스감축조치를 추진하도록 합의하였으나 빠르게 증가하는 온실가스배출을 90년 수준으로 줄이기 위해서는 좀더 실제적인 감축노력이 요구되었다. 이러한 요구에 따라 기후변화협약 당사국들은 제3차 당사국회의에서 기후변화협약의 기본원칙에 입각하여 선진국에게 구속력 있는 온실가스 감축 목표를 부여한 교토의정서(Kyoto Protocol)를 1997년 12월에 채택하였다. 기후변화협약은 전세계 국가들이 지구기후변화 방지를 위한 노력을 하겠다는 것이었고, 이를 이행하기 위하여 누가, 얼마만큼, 어떻게 줄이는가에 대한 문제를 결정한 것이 '교토의정서'라고 할 수 있다.

교토의정서의 주요 내용을 보면, 부속서 I 국가 중 터키와 벨라루스를 제외한 38개 선진국들(Annex B)의 차별화된 목표와 온실가스 대상물질 등이 명시되어 있으며 온실가스 감축을 위하여 경제적이며

표1_ 교토의정서 주요내용

온실가스	6종(CO_2, CH_4, N_2O, HFCs, PFCs, SF6)
부속서 I 국가의 감축 목표 설정	• 온실가스의 배출량을 1차 의무이행기간(2008~2012) 동안 1990년 대비 평균 5.2% 감축 • 국가별 차별적인 감축목표 부여(국가별 허용배출량과 인증된 감축목표량을 −8%에서 +10까지 다르게 결정): 미국 −7%, 일본 −6%, 유럽연합 −8%, 아이슬랜드 +10% 등
기타 결정사항	• 교토메카니즘 결정: 공동이행(JI), 청정개발체제(CDM), 배출권거래(ET) • 흡수원의 인정

유연성 있는 수단을 인정하고 있다.

교토의정서는 1998년 3월 16일부터 1999년 3월 15일까지 뉴욕의 유엔본부에서 회원국들의 서명을 받아 인증되었고, 그 이후 각 협약 당사국들은 의정서가 발효될 수 있도록 자국의 비준을 위해 노력했다. 그러나 2001년 3월 최대 온실가스배출국인 미국이 의정서가 자국의 경제에 심각한 피해를 줄 수 있고 중국, 인도 등 개발도상국들이 의무감축대상에서 제외되어 있다는 이유를 내세워 반대 입장을 표명하였다.

이에 교토의정서는 그 실효성에 큰 타격을 입었지만, EU와 일본 등이 중심이 되어 협상을 지속하였고 마침내 2004년 11월 러시아가 비준서를 제출함에 따라 교토의정서의 발효조건이 충족되어 정해진 규정(의정서 25조)에 의해 2005년 2월 교토의정서가 발효되었다.

교토메카니즘

제3차 당사국총회(1997년 2월 교토)에서 Annex I 국가들을 중심으로 2008~2012년 동안 온실가스 배출량을 1990년 대비 평균 5.2% 감축하는 것을 주요내용으로 하는 교토의정서(교토메카니즘)를 채택하였다.

교토의정서에는 온실가스를 효과적이고 경제적으로 줄이기 위하여 **공동이행제도**(JI: Joint Implementation)), **청정개발 체제**(CDM: Clean Development Mechanism), 배출권거래제도(ET: Emissions Trading)와 같은 유연성체제를 도입하였는데, 이들을 '교토메카니즘(Kyoto Mechanism)'이라고 한다.

(1) 공동이행제도(JI): 교토의정서 제6조

부속서 I 국가들 사이에서 온실가스 감축 사업을 공동으로 수행하는 것을 인정하는 것으로 한국가가 다른 국가에 투자하여 감축한 온실가스 감축량의 일부분을 투자국의 감축실적으로 인정하는 체제이다. 특히 EU는 동부유럽국가와 공동이행을 추진하기 위하여 활발히 움직이고 있다.

현재 비부속서(Non-Annex) I 국가인 우리나라가 활용할 수 있는 제도는 아니지만, 선진국의 의무부담 압력이 가중되는 현실을 감안할 때, 공동이행제도의 논의동향을 파악해 둘 필요가 있다.

(2) 청정개발체제(CDM) : 교토의정서 제12조

교토의정서 12조에 규정된 청정개발체제(이하 CDM)은 온실가스 감축비용이 적게 드는 여타 국가에서 온실가스를 감축할 경우 감축분의 일정비율을 자국의 실적으로 인정하는 제도를 말한다.

온실가스 감축할당 목표를 충족하지 못하는 선진국을 위하여 개도국이나 후진국에 온실가스 저감투자를 한 후, 감축분을 시장에 팔아 투자금을 회수하거나 자국 감축실적으로 인정받을 수 있도록 한 제도이다.

CDM은 Bilateral CDM과 Unilateral CDM으로 구분된다. Bilateral CDM은 선진국이 개도국에 투자하여 발생한 온실가스 감축분을 선진국의 감축실적에 반영하는 것을 말하며, Unilateral CDM는 개도국이 개도국에 투자하여 획득한 온실가스 감축분을 선진국에 판매하는 메커니즘이다.

결과적으로 CDM사업을 통해 선진국은 개도국에서 온실가스를 줄일 수 있게 되어 자국의 감축 비용을 최소로 낮출 수 있고, 개도국은 친환경 기술에 대한 해외 투자를 받게 되어 자국의 개발을 지속가능한 방향으로 유도할 수 있는 일거양득의 효과를 갖고 있다.

(3) 배출권 거래제도(ET) : 교토의정서 제17조

이 조항은 온실가스 감축의무 보유국가(Annex B)가 의무감축량을 초과하여 달성하였을 경우 이 초과분을 다른 부속서 국가(Annex B)와 거래할 수 있도록 허용하였다. 이와 반대로 의무를 달성하지 못한 국가는 부족분을 다른 부속서 B국가로부터 구입할 수 있다. 이것은 온실가스 감축량도 시장의 상품처럼 서로 사고 팔 수 있도록 허용한 것이라고 할 수 있다.

이 제도가 시행될 경우, 각국은 최대한으로 배출량을 줄여 배출권 판매수익을 거두거나, 배출량을 줄이는데 비용이 많이 드는 국가는 상대적으로 저렴한 배출권을 구입하여 감축비용을 줄일 수 있으므로 전체적으로는 감축비용을 최소화할 수 있게 된다.

교토의정서(Kyoto Protocol)의 주요내용은 감축대상 온실가스를 6가지(이산화탄소: CO_2, 메탄: CH_4, 아질산질소: N_2O, 수소불화탄소: HFCs, 과불화탄소: PFCs, 육불화황: SF6)를 선정하여 제1차 이행기간(2008-2012년)동안 1990대비 동 의무 부담국가 전체 평균 5.2%를 감

표2_ 교토의정서와 신기후체제 비교

구분	교토의정서	신기후체제
목표	온실가스 배출량 감축 (1차: 5.2%, 2차: 18%)	2℃ 목표 1.5℃ 목표 달성 노력
범위	온실가스 감축에 초점	감축을 포함한 포괄적 대응 (적응, 재원, 기술이전, 역량배양, 투명성 등)
감축 대상국가	주로 선진국	모든 당사국(미국 탈퇴)
감축목표 설정방식	하향식(top-down)	상향식(bottom-up)
적용시기	1차 공약기간: 2008~2012년 2차 공약기간: 2013~2020년	2020년 이후 발효 예상

출처: 파리협상길라잡이(2016, 환경부)

축하되 국가별로 차별화하는 것이다.

파리협정과 신 기후 체제

1997년 체결된 교토의정서는 주로 온실가스 배출량을 감축하는데에 집중하였으나, 기후변화에 효과적으로 대응하기 위해서 이미 발생한 기후변화에 적응하는 것을 목표로 파리협정* 체결. 파리협정은 많은 국가들의 참여를 유도하고 기후변화에 신속하게 대응하기 위하여각 당사국들에 '국가결정기여(NDC)'** 제출 의무를 부과하고 있다.

파리협정(Paris Agreement)[*]
신기후체제의 근간이 되는 협정으로, 주요 요소별로 2020년 이후 적용될 원칙과 방향을 담은 합의문

국가결정기여(NDC)[**]
기후변화에 대응하기 위하여 분야별로 당사국이 취할 노력을 스스로 결정하여 제출한 목표로 감축, 적응, 재원, 기술, 역량배양, 투명성의 6개 분야 포괄

기후변화협약이 우리경제에 미치는 영향

우리나라는 기후협약에 1993년 12월에 가입하였고, 2015에는 파리에서 체결된 파리협정에 참여하였으며, 2020년 10월 '탄소중립'을 선언하였다.

기후위기에 대응해 안전하고 지속가능한 사회를 만들기 위한 목표로 '탄소중립(Carbon Zero)'이란 온실가스 배출량과 흡수량이 균형을 이루는 상태를 말한다. 인간의 활동에 의해 발생하는 온실가스 배출량과 대기에서 흡수되는 온실가스량을 동일하게 한다는 것이다. 즉, 실질적으로 이산화탄소 배출량이 0이 되어야 하므로 다른 말로 '탄소제로'라고도 한다.

세계 각국은 2015년 파리협정에서 산업화 이전 대비 지구 평균온도 상승을 2℃ 보다 훨씬 아래(well below)로 유지하고, 나아가 1.5℃로

억제하기 위해 노력하기로 합의했다.

지구의 온도가 2℃ 이상 상승할 경우, 폭염 한파 등 보통의 인간이 감당할 수 없는 자연재해가 발생하고, 상승 온도를 1.5℃로 제한할 경우 생물다양성, 건강, 생계, 식량안보, 인간 안보 및 경제 성장에 대한 위험이 2℃보다 대폭 감소한다고 한다.

온실가스는 지구의 온도를 조절하는 역할을 하지만, 너무 많이 쌓이면 지구의 온도를 과도하게 상승시켜 기후변화를 야기하기 때문이다. 기후변화는 폭염, 폭설, 산불, 해수면 상승 등 인간과 자연에 많은 피해를 준다. 따라서 온실가스 배출을 줄이고, 흡수와 제거를 통해 균형을 맞추는 것은 이 시대에 실천해야 할 매우 중요한 과제가 된 것이다.

탄소중립을 위한 국내외 동향

탄소중립 달성을 위한 국가별 대응

탄소중립을 선언한 국가는 현재까지 약 130개국에 달한다. 탄소중립 선언국가들은 각자의 장기저탄소발전전략과 국가온실가스감축목표를 수립하고, 실천하기 위한 다양한 정책과 조치를 시행하고 있다.

탄소국가별 대응방안을 위해 기후변화 방지를 위하여 에너지 절약사업과 효율향상 위주로 정책을 펴는 소극적인 방법과 신재생에너지(풍력, 태양에너지) 및 저탄소연료 사용 확대 등의 적극적 정책 방법을 제시하고 있는 상황이다.

예를 들어, 영국은 내연기관 차량 판매를 2030년부터 금지하고, 재생에너지 비율을 높이고, 탄소세를 부과하는 등의 방법으로 탄소중립을 추진하고 있다.

그 중에서도 스웨덴, 영국, 프랑스, 덴마크, 뉴질랜드, 헝가리 등 6개국은 탄소중립을 법으로 제정하였다.

독일은 1990년 6월 연방정부에 의해 설립된 CO_2감축 실무반 주관으로 전력소비감소, 석탄소비감소, 신재생에너지 이용촉진 방안과 천연가스 시장의 활성화를 통해 온실가스 감축을 추진하고 있다.

미국은 기후변화에 대한 과학적 불확실성, 개도국 불참 및 자국 경제에 미치는 파급영향을 이유로 2001년 3월 쿄토의정서 비준을 거부했다.

호주도 쿄토의정서 비준을 거부하고 개도국들의 감축의무 참여, 국가 경제고려 등으로 미국에 동조하고 있다

유럽연합(EU)은 2050년까지 탄소중립을 달성하기 위한 '유럽 기후법'을 통과시켰으며, 중국은 2060년까지, 일본과 한국은 2050년까지 탄소중립을 달성하겠다고 선언했다.

이미 탄소중립을 달성한 국가들

전 세계적으로 탄소중립 목표 달성을 위한 다각적인 노력을 기울이고 있는 가운데 2023년 현재 이미 탄소중립을 달성하였다고 선언한 국가들이 있다.

그 나라들은 2023년 현재 8개국인데 수리남, 부탄, 코모로, 파나마, 가이아나, 마다가스카르, 니우에, 가봉이다.

수리남은 남아메리카 동북부에 있는 세계에서 가장 숲이 풍부한 나라로서 국토의 93%가 숲으로 이루어져 있다. 이 숲들이 수십억 톤의 탄소를 흡수하고 생물의 다양성을 보존한 덕분에 온실가스 배출량을

상쇄하고 탄소중립 국가가 되었다.

인도와 중국사이의 부탄은 오랫동안 삼림벌채 대신 지속가능한 임업을 위한 정책을 추구하고 있다. 부탄의 대규모 탄소흡수원인 국립공원은 국토의 5분 2를 차지할 정도로 거대하다. 그뿐만 아니라 야생동물이 국립공원을 인간의 방해 없이 이동할 수 있도록 생태통로를 마련하고 있다.

코모로는 아프리카 대륙과 마다가스카르 섬 중간에 있는 화산섬 무리로 되어 있는 나라로 인구 80만명이 4개 섬에 사는 작은 나라다. 농업, 어업 및 축산업은 국가산업의 절반을 차지하지만 온실가스 배출량은 적다. 코모로는 국토의 4분의 1에 달하는 지역을 훼손 불가한 보호지역으로 정하였기에 탄소중립을 거의 항구적으로 실천할 수 있다고 한다.

중앙아메리카에 위치하고 카리브해와 태평양을 마주 하고 있는 파나마도 제26차 기후변화협약 당사국총회에서 오히려 '탄소 네거티브'를 선언하였다. 탄소 네거티브는 온실가스 배출량 0을 의미하는 탄소중립을 넘어 0이하로 만들겠다는 의미다.

파나마 대륙의 65%는 열대우림으로 덮여 있으며, 파나마 정부는 2050년까지 5만 ha의 땅을 숲으로 만들어 탄소흡수원을 확대할 계획이다.

가이아나는 아마존 열대우림으로 둘러싸인 남아메리카 북부 해안에 있는 나라다. 이미 탄소중립을 달성한 가이아나는 2030년까지 온실가스 배출량을 70% 더 줄이는 것을 목표로 하고 있다.

마다카스카르는 인도양으로 둘러싸인 세계에서 네 번째로 큰 섬나라이다. 아프리카 동부 해안에 자리 잡고 있고, 농업과 어업이 주산업이다. 현재는 탄소 중립국가이지만 2000년 이후 대규모 삼림벌채로 숲의 4분의 1이 사라진 상태이지만, 숲이 지금과 같은 속도로 사라진 다면 2030년 안에 탄소중립 타이틀을 상실할 것이라고 한다.

니우에는 오세아니아의 폴리네시아에 있는 농업과 어업이 주산업인 나라다. 전 세계 온실가스배출에 0.0001%의 영향만 미치는 청정국가 이다. 하지만 나우에는 해수면 상승, 해양산성화 및 사이클로 등 기후 위기에 취약한 자연환경을 가지고 있다.

아프리카 가봉은 세계 2위의 열대우림을 가지고 있는 나라로 국토 의 88%가 삼림이다. 가봉은 열대우림의 삼림벌채를 강하게 규제하고 천연자원을 철저하게 관리하고 있다. UN은 콩고를 '환경보전의 모델' 로 선정하였다.

위와 같이 탄소중립을 선언한 이들 나라들의 공통점은 탄소배출량 은 적은 반면 국토의 대부분이 삼림으로 이루어져 탄소를 많이 흡수할 수 있는 청정국가라는 점이다.

우리나라의 기후변화 대응

우리나라도 기후변화 대응에 적극적으로 참여하지 않으면 안 되는 실정이다. 우리는 파리협정에 따라 2030년까지 전망치 대비 온실가스 배출량을 24.4% 감축하는 것을 목표로 하고 있다. 이에 온실가스를 비용 효과적으로 감축하기 위한 정책적 노력이 필요하며 적절한 국내 배출권거래제 도입 방안이 제기되고 있다.

정부차원에서 기후변화협약의 이행과 탄소중립의 달성을 위해 각 부처별로 정책을 마련하고 추진 중이지만, 현재 세계에서 7번째로 많은 온실가스를 배출하는 국가이며, 에너지구조가 석탄과 원자력에 의존적이라는 문제를 안고 있다. 또한, 개도국에게 재원과 기술을 지원하는 책임도 가지고 있어서 탄소중립을 달성하기 위한 획기적인 발상이 필요하며, 이의 해결을 위해서는 해조류의 이산화탄소 흡수원 CDM에 특별한 정책적 지원이 요구되고 있다.

기후협약에 대응하기 위한 2020년 이전의 국내의 기술개발 대표적 사업을 조사해 보았다.

- **G7 환경기술개발사업(환경부, 1998~2001)**
  G7 사업의 일환으로 "온실기체 제어 및 이용기술"의 개발을 위해 CO_2 제어 기반기술 확보를 목표로 추진

- **에너지절약기술개발사업(산업자원부)**
  국가 에너지이용 효율 향상 및 에너지 이용에 따른 대기오염 저감을 위하여 에너지절약 파급효과와 실용화 가능성이 큰 사업으로, 기능성 소재, 건물, 수송 및 전기분야의 4개 기술부문에 대한 중·대형기술개발

- **대체 및 청정에너지 개발사업(산업자원부)**
  태양열, 풍력, 연료전지 등 대체에너지 관련 8개 분야와 석탄청

정화 및 CO_2 이용기술 등 청정에너지 관련 6개 분야에 대한
기술개발

- 중점온실가스 저감기술개발사업(과학기술부, 1998 ~ 2003)

  온실가스 저감효과가 큰 철강 및 석유화학산업 등의 에너지
  이용효율 향상을 위한 단기 실용화 기술개발

- 이산화탄소저감 및 처리기술개발사업(과학기술부,
  2002~2012)

  과학기술부 21세기 프론티어 연구개발사업의 일환으로 대표
  적 온실가스인 CO_2 배출량 저감을 위해 에너지 이용효율 향
  상과 CO_2 회수·분리 및 전환·저장을 위한 혁신적 핵심기술
  개발과 실용화 추진

차별화된 우리의 전략은?

우리나라의 경우 급속한 산업화와 경제성장으로 인하여 세계 7위의
탄소배출국이지만, 1970년대부터 정부 주도의 꾸준한 치산녹화 사업
으로 녹화사업에 성공하였다.

그러나 스위스와 독일 등이 1ha당 산림의 비율이 $321m^3$를 차지하
고, 일본이 1ha당 산림의 비율이 $170m^3$ 인데 비해 우리나라는 1ha당
산림의 비율이 $148m^3$로 아직 미흡한 상황이다.

다른 나라와 차별화 할 수 있는 탄소중립 해법은 '해조류'라는 점을 강조하고 싶다. 광합성은 오래전부터 인류가 발생한 이산화탄소를 줄이는 방법으로 여겨져 왔다. 최근에는 대기 중에 CO_2 저감을 위해 육상에 산림조성을 권장하고 있다. 하지만 물속에는 육상의 산림보다 25배나 더 높은 광합성 효율을 지닌 조류(藻類)들이 존재한다.

해조류가 '이산화탄소 배출저감식물'로 지정받는다면 우리나라의 탄소배출권을 능가하여 국가간에 거래될 매년 200억불 이상의 탄소거래권에서도 수익을 창출할 수 있을 것이며, 해조류에 의한 식량산업과 해양바이오 산업을 육성할 수 있어 경제적 이익뿐만 아니라 자연환경 보호와 해양자원개발, 국가 경쟁력 향상 등의 부대 효과를 기대할 수 있다.

우리나라는 삼면이 바다이고 세계 최고의 수산양식기술을 보유하고 있으나, 이에 대한 CDM 사업이 답보상태라서 매우 안타깝다. 더하여 식물플랑크톤이 연소가스를 대량으로 흡수시킬 수 있는 기술개발 연구는 거의 미진한 상태에 머물고 있다.

필자는 국회의원으로 선출된 직후부터 '이산화탄소 흡수원으로서 해조류의 유용성'에 대한 주장을 해왔다. 전국 대학교수들과 전문가들을 국회에 초빙하여 12차례 세미나를 열고 CDM 사업을 실행하기 위해 추진하였고 소기의 성과도 거둘 수 있었다.

그런데 관련부처와 국회의 무지와 무관심에 의하여 해조류 CDM사업은 정체되었고 추가 투자가 이루어지지 않고 있으며, 각 관련부처는 서로가 생색내기용 사업들을 전시적으로 내놓고 있다.

특히, 이산화탄소 저감방안을 기회로 기후·환경학자들, 경영학, 경제

학을 접목한 'ESG 경영'[1] 명목으로 예산 나눠쓰기에 급급한 모습이다.

이산화탄소 저감대책의 방법으로 해조류의 활용방안을 강구하여 해조류가 기후변화협약에서 이산화탄소 배출 저감 식물로의 인정받을 수 있도록 정·산·관·학이 이에 뜻을 함께 한다면 우리나라는 탄소중립국으로서 국제적 위상은 물론, 유무형의 경제적 성과를 거둘 수 있을 것을 확신한다.

---

[1] ESG경영이란 환경(Environmental), 사회(Social), 지배구조(Governance)의 영문 첫 글자를 조합한 신조어로 최근 ESG 개념은 '투자의사결정 및 장기적인 재무적 가치에 영향을 미칠 수 있는 중요한 비재무적 요인' 으로 대두되고 있다.

제 3 장

탄소중립 해조류가 답이다

- 탄소중립, 해조류가 답이다.
- 우리나라 주요 해조류
- 미세조류 이산화탄소 저감 능력

탄소중립, 해조류가 답이다

생명을 살리는 광합성

필자는 조류학회 평의원으로 활동하고 있다. 언젠가 지인과 만나서 얘기하는 중 "오늘 조류학회에 참석하고 왔다"고 했더니, 필자에게 "탐조(探鳥) 취미가 있었냐"며 의아해 했다. 필자가 말한 조류학회의 '조류(藻類)'를 '조류(鳥類)'로 오해하고 '자연 상태의 새들의 모습을 관찰하고 즐기는 취미활동'을 한 것으로 이해 한 모양이라 좌중이 한바탕 웃었던 기억이 있다.

수산학에서 말하는 '조류'란 광합성을 하는 모든 수생식물을 지칭하는데, 바다에 사는 수생식물을 통칭하여 해조류(海藻類)라 한다. 일반적으로 대형조류를 해조류라고 부르며, 식물성 플랑크톤이나 클로렐라 등을 미세조류라고 한다.

육상에 나무와 풀과 같은 식물들이 있어서 사람과 동물들이 생명활동을 할 수 있는 것처럼, 바다에도 어패류들에게 산소를 공급해주고 서식지를 마련해 주는 해조류들과 동물성 플랑크톤, 자·치어의 먹이가 되는 미세조류가 살고 있다.

식물이 더 이상 광합성을 하지 않는다면, 엽록소가 사라져 세상은 초록빛을 잃게 된다. 사람이 보기에 식물들은 가만히 햇빛을 쬐고 있으면 저절로 양분이 만들어 지니 편안할 것 같지만 식물의 입장에서는 광합성을 위해 치열한 시간을 보내고 있다. 광합성을 하지 않으면 식물의 생명은 위태로워진다.

광합성을 간단하게 말하자면 햇빛과 이산화탄소와 물을 이용해 당을 만들어 내는 작용이다. 이 과정에서 산소가 배출된다. 식물의 광합성작용에서 보면, 이산화탄소는 식물의 자양분을 만들어 내는데 필수 불가결한 요소 중 하나이며, 산소는 노폐물인 셈이다. 세상의 모든 생명체 가운데 스스로 양분을 만들어내는 것은 식물밖에 없다. 바로 광합성을 할 수 있기 때문이다. 지구의 모든 생명을 먹여 살리는 자양분을 만들어 내고, 생명이 숨 쉴 수 있도록 해 주는 원동력인 것이다.

식물의 광합성작용에 대해서 지금은 모르는 사람이 거의 없지만 생명의 진화과정 연구과정에서 광합성 원리의 발견은 대단한 것이다.

영국의 생화학자인 닉 레인은 그의 저서 "생명의 도약"에서 생명의 진화과정에서 도드라진 열 가지 계기를 꼽으면서 그 가운데 세 번째로 광합성을 들었다. 닉 레인은 이 책에서 "광합성이 없다면 세상은 어떠할까?"라는 질문으로 시작한다. 그는 "지구에서 초록빛이 사라진다는 것이다. 엽록소는 광합성을 하는 부분이고 이는 모든 생명의 원동력이다"고 했다. 흔히 광합성을 영양분 생성의 측면에서 보는데 빛깔마저 이와 관련이 있다고 본 것은 참 신선한 시각이다.

식물의 초록색이 사라진다면, 하늘과 바다의 파란 빛깔도 없을 것이다. 하늘빛이 파랗게 되려면 대기가 깨끗해야 되는데, 대기를 깨끗하게 하는 정화 능력은 엽록소 고유의 특징이다. 결국 물과 반짝이는 햇살만으로 살아가는 방법인 광합성은 해조류가 없다면 바다 생물들은 살 수가 없으며, 이 해조류를 통하여 이산화탄소를 흡수할 수 있다는 점에 주목해야 한다.

기후변화협약의 대응정책으로 해조류 활용

1993년 우리나라가 기후변화협약에 가입하기 전부터 필자는 해조류의 이산화탄소 흡수원으로서의 가능성을 제기하였다. 해양수산공무원 교육원(당시, 한국어업기술훈련소)에서 1987년부터 2000년까지 해조류 양식교육을 실시하면서 이 점을 지속적으로 주장했었다.

해남어촌지도소장으로 재임시절인 1998년에는 '한국조류학회 제7회 워크샵'을, 1999년에는 '해조류양식 국제세미나'를 해남어촌지도소에서 개최하면서 이를 공식적으로 공론화하였다.

국회의원이 된 후 이영호 의원실 주관으로 한국조류학회와 함께 대한민국 국회에서 공식적으로 해조류의 이산화탄소 흡수원으로서 유용성에 대한 세미나와 간담회를 지속적으로 개최하였고 국제심포지엄을 열어 산·관·학·국회가 협력하여 예산확보 및 기본 연구를 시작하였다. 현재는 국회에서 학회가 열리는 것은 평범한 일이지만, 당시만 해도 국회에서 학회를 개최하는 것은 필자가 주관했던 2004년 조류학회가 최초였다.

　해조숲을 주성하는 것은 바다의 생산성을 높이는 것이기도 한다. 해조류의 이산화탄소 흡수원을 인정받는 CDM 사업은 양식어업인을 비롯한 농어업인들의 기본소득 창출을 기반을 만들 수 있을 것이므로 반드시 추진해야할 과업이라고 생각하며, 이에 대한 접근 방법으로는,
　　첫째, 해조류의 이산화탄소 흡수 능력을 밝히는 것
　　　－ 해조 종류별, 또는 해조숲을 이루는 종을 중심으로
　　둘째, 인공어초의 면적, 시설과 자연바다에서의 해조숲의 면적과
　　　　그 생산량
　　셋째, 해조류 양식장의 확대와 해조류 신규 수요의 개발이다.

　온실가스, 특히 이산화탄소가 환경에 미치는 심각성은 교토의정서에 의해 이산화탄소의 배출량을 1990년 수준으로 줄이는 것으로 나타날 만큼 시급해졌으며, 이산화탄소의 배출량을 줄이기 위해 많은 나라가 엄청난 연구비를 투자하여 많은 연구를 진행하고 있다.
　이산화탄소 발생의 주원인은 주로 에너지 획득을 위한 화석연료의 연소이다. 그러므로 화석연료의 비중을 낮추는 방법과 에너지의 효율을 높이는 방법, 그리고 발생되는 이산화탄소를 제거하는 방법에 대하여 주안점을 두었다.
　처음 두 방법은 인류가 꾸준히 노력하여야 할 문제이고, 이미 높아진 이산화탄소의 농도를 줄이기보다는 발생을 억제하는 쪽에 가까우며, 대개 물리·화학적인 방법이므로 이루어진다.

| 주광합성에 의한 이산화탄소 흡수원리

이산화탄소를 제거하는 가장 효과적인 방안은, 광합성을 이용한 생물학적 처리방법만이 이산화탄소 저감문제를 근본적으로 해결할 수 있는 유일한 대책이다.

일본 학자들이 주장하는 해조숲 정비에 의한 흡수 가능 배출량은 36.7톤 CO_2/ha 8,250만 톤 CO_2로서 삭감 목표의 7,500만 톤 CO_2의 1.1배에 해당된다.

예를 들면, 이이즈미히토시(飯泉仁)에 의하면, 삼림, 해양 등에서의 이산화탄소 수지의 평가의 고도화에 의하면 일본의 해조숲 면적이 약 20만 ha이다. 해조숲에 의한 탄소 고정량을 200만 톤 C/년으로 계산할 수 있다.

이러한 계산은 해조숲의 탄소 고정량은 연간 10톤 C/ha(200만 톤 C/년÷20만 ha)가 된다. 이것을 이산화탄소 고정량으로 환산하면 3.67배(CO_2/C = 44/12)가 되고 36.7톤 CO_2/ha가 이산화탄소흡수 능력이 된다.

아리카유카츠(有賀祐勝)에 의하면, 해조의 순생산량을 탄소로 환산하여 0.25~2 kg C/m2, 년이 된다 ha 단위로는 연간 2.5~20톤 C/ha가 된다. 이것을 이산화탄소 고정량에 환산하면 3.67배($CO_2/C = 44/12$)가 되고 9~73톤 CO_2/ha(평균치 41.0톤 CO_2/ha)가 이산화탄소 흡수능력이 된다.

단위 면적당 해조의 현존량은＝해조의 탄소고정량÷(P/B 비)÷탄소함량÷해조숲 면적이 된다. 단위 면적당 해조의 현존량＝200만 톤 C/년÷1.5÷0.31÷20만 ha＝2,000,000톤 C/년÷1.5÷0.31÷2,999km²＝2,151 톤/km²＝2.2kg/m² 이된다. 여기에서 P/B 비는 현존량과 탄소고정과의 비율을 표시한 것으로 P/B＝1.5를, 탄소 함량률은 31%로 하였다. 해조숲의 종류별로 P/B비는 1.0에서 3.5 정도로 차이를 보인다.

이는 바다식물도 이산화탄소의 중요한 저장공간이 되며 바다와 대기 사이의 상호작용에 의해 대기 중 이산화탄소의 농도가 바다의 해수 사이에 끊임없는 교환으로 이산화탄소가 저감될 수 있는 방안이 되기 때문이다.

또한, 세계 여러 나라에서 해조류의 소비 확대가 가능하여 생산능력을 더 확대할 필요가 있으며, 화석연료를 대체할 수 있는 자원이자 이산화탄소 감소에 기여할 수 있으니 매우 유용한 자원이라는 점을 강조하고 싶다.

우리나라도 수산물의 생산성을 높이기 위해 연안관리가 집중적으로 이루어졌으며, 인공어초를 투하하여 바다숲을 조성하는 사업은 일본의 경우와 비슷하게 지난 50년 전부터 꾸준히 국가사업으로 수행되어 왔다.

그런데 최근 들어 일부 무지한 국회의원의 발안으로 바다숲 예산이 정체 또는 삭감되고 있는 현실이 매우 개탄스럽다.

지금부터라도 우리나라 연안 해역에서 양식되는 바다식물인 해조류가 이산화탄소 저감생물로서 중요성을 새로이 인식하고 적극적인 연구와 정책추진을 해야 한다.

해조류 양식과 해조숲 조성지에서의 이산화탄소의 감량노력에 대해서 기후변화국제협의체(IPCC)에서 CDM 사업으로 인정을 받는 것은 우리나라의 이산화탄소 감축의무에 대한 적극적인 대안이 될 것이다.

해조류의 이산화탄소 흡수의 탁월성

일반적으로 대기 중 이산화탄소는 육상식물에 의해 많이 흡수되는 것으로 알기 쉬우나, 실제로는 해조류에 의한 흡수가 훨씬 높다. 육지 면적은 지구 표면적의 30% 이하이며, 식물이 생육할 수 있는 공간자원은 북극과 남극 및 한대-아한대를 제외하고, 계절을 고려하면 매우 제한적이라 할 수 있다.

또한 제한된 육상식물은 단층적으로 분포하고 있다. 반면에 전 지구표면의 71%를 차지하는 바다는 수심 200m까지 유광층 전 수층에서 해조류 및 식물플랑크톤 군집이 생육하여 이산화탄소를 흡수하는 식물은 매우 넓고 깊게 분포하고 있다.

해조류의 이산화탄소 흡수원으로서 탁월성은 외국의 조류학자들도 주장하고 있다. 교토의정서에 의한 삭감목표를 달성하기 위해서는 산림과 육상식물에 의한 이산화탄소의 고정에 의한 것 뿐 아니라 해조의 이산화탄소의 흡수 능력을 인정하여 계산해야 한다고 주장하고 연구해 왔다.

실제로 이이즈미(飯泉, 1996)의 연구에 의하면, 대형해조류의 이산화탄소 흡수율은 36.7ton/ha/yr, 유가(1998)는 9-73ton/ha/yr로 추정하였다. 반면에 식생이 가장풍부하고 계절적 영향을 받지 않는 열대우림 지역에서 육상식물은 1,500-2,000g/m^2/yr, 온대지역의 육상식물은 1,200g/m^2/yr, 침엽수림에서는 800-1,200g/m^2/yr로서 해조류의 이산화탄소 흡수율보다 훨씬 못 미친다.

최근 대기로 방출된 anthropogenic CO_2 중 50% 정도가 대기에 잔류하며, 약 48%가 해양으로 흡수되고, 나머지는 육상식물군으로 흡수된다는 사실이 입증되었다.

학자들이 주장하는 해조숲 정비에 의한 삭감 가능 배출량은 36.7톤 CO_2/ha 8,250만톤 CO_2로서 삭감목표의 1.1배에 해당된다.

우리나라에서도 인도네시아, 칠레, 영국, 러시아, 뉴질랜드, 일본, 중국과 같이 해조 이용성이 큰 국가와 협력하여 해조숲에 의한 이산화탄소의 저감 능력에 대해 국제협의체에서 인정받는 것이 우리의 목표이다.

연안의 바다를 농경지로 생각하는 우리에게는 해조를 심고 키우는 해조밭의 개념이 크다. 어촌계를 중심으로 이루어진 연안 관리는 오래

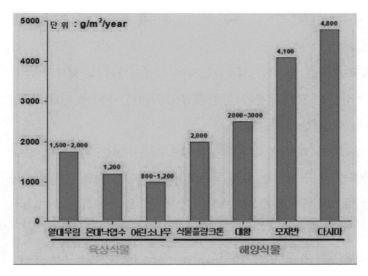

| 열대우림과 해중림의 이산화탄소 흡수량 비교(자료: 슘口 1998)

전부터 관습적으로 이용되어 온 연안 관리 시스템이다.

우리나라는 연안에서 수산물을 안정적으로 채취하고 바다환경을 위하여 바다녹화를 통한 연안 목장화를 조성하고 있다. 해조숲의 조성은 우리에게는 바다의 생산성을 높이는데 선결 요인이 된다. 바다녹화에 의한 이산화탄소의 저감방안이 확립되면 다른 외국보다 그 효용성은 더욱 커지게 될 것이다.

해조바이오 에너지 생산

이론적으로 모든 유기탄소는 바이오 에너지로 전환할 수 있다. 해조류는 생산력이 뛰어나 많은 바이오매스를 만들 수 있으며 바이오 에너지로 전환 가능한 유기탄소 성분에 주목하고 있다. 홍조류, 갈조류, 그리고 녹조류 등 모든 해조류는 탄수화물을 가지고 있으며 탄수화물을 구성하는 당의 성분과 함량은 종류에 따라 다양하지만 모두 바이오 에탄올 생산이 가능하다.

해조류가 대기 중 CO_2를 광합성으로 흡수하는 저장하는 방법으로 해조류 기후 공학이 논의 된 바 있다. 즉 인공으로 조성한 해조양식장에서 해조류 바이오매스를 생산하여 메탄으로 전환하는 것이다.

1970년대 미국가스협회에서 연구된 바에 의하면 해조류에서 생산된 메탄가스의 경제성이 미약하다고 결론지어 1980년대 연구가 중단되었다. 그러나 당시는 해조류 양식과 메탄가스 추출 기술이 부족하였으나 최근 들어서는 다시 차세대 에너지 원으로서 다시 해조류가 부상되고 있다.

미국 MIT 집단기능센터인 기후 코랩(Climate CoLab)에서는 2013년 '에너지, 식량, 생물 다양성을 위한 해양 해조숲 조림'을 하나의 프로젝트로 선정하고 이에 대한 심층적인 논의를 한 바 있다. 해양 조림이란 지속 가능한 해조숲 생태계를 조성하여 화석연료 사용을 완전히 대체할 수 있는 해양 생태계 운영 방법을 개발하는 것이다. 해조숲 생태계에서 해조를 양식하여 해조 바이오매스를 수확하고 이를 발효시켜 생성된 바이오 CO_2 및 CH_4를 회수하여 활용한다. 남은 영양염은 해조숲 관리에 재활용하고 여분의 바이오 CO_2는 포획하여 압축저장할 수 있다.

해조숲의 조성은 생태계의 수산자원과 생물다양성을 증대 시킬 뿐만 아니라 해양 산성화를 감소시켜 추가적인 생태계 서비스를 얻을 수 있다. 우리나라는 좁은 국토 면적과 가용 토지의 한계로 인하여 옥수수화 같은 상용화된 곡물을 통한 생물연료 생산은 거의 불가능하다. 그러나 해조바이오 에탄올은 이러한 문제와 전혀 상관없으므로 이에 대한 국가정책차원의 관심과 추진이 필요한 것이다.

또한, 해조류가 생산하는 바이오 연료로 화석연료를 대체하여 온실가스 배출을 줄일 수 있다. 또한 해조류로 종이를 만들어 숲을 보존할 수 있다. 해조 양식장은 지구온난화로 인한 해수면 상승과 강한 태풍으로 밀려오는 파도의 영향으로부터 연안을 보호하고 해양 산성화를 완화하며, 광합성 부산물인 산소를 공급하여 건강한 바다를 유지할 수 있다. 따라서 해조류는 기후변화의 원인인 온실가스를 감축하고 동시에 산성화를 완화하고 산소를 공급하는 적응방안이 될 수 있는 것이다.

해조 사료

전통적으로 김, 미역, 다시마, 톳 등과 같은 해조류는 주로 인간이 식용하였고, 가축 사료로 활용은 미약하였다. 필자는 1993년 석사학위 논문에서 '미역첨가 사료가 조피볼락 치어에 미치는 영향' 대하여 연구 하였다. 해조류를 가축의 첨가사료 첨가물의 유용성에 주목한 것이다. 해조류를 먹인 가축은 건강할 뿐만 아니라 메탄가스 방출을 현저하게 감소시킨다는 연구도 있다.

젖소 사료에 소량의 해조류를 첨가하면 소의 트림과 방귀에서 나오는 메탄가스의 방출을 현저하게 감소시킬 수 있다는 연구결과가 나와서 주목을 받고 있다. 일부 해조류에서 발견된 화합물이 메탄올을 생성하는 미생물의 효소 활동을 저해하는 것으로 나타나며, 해조류 첨가 사육이 건강한 축산을 하는데 도움이 되고 있음은 주지의 사실이다.

　　지구온난화를 야기하는 온실가스의 약 1/4을 차지하는 메탄가스는 이러한 생산을 주도하는 낙농산업에서 만일 해조류 사료 첨가로 메탄가스 발생을 줄일 수 있다면, 낙농가들의 유제품 생산에 많은 도움을 줄 것이며 동시에 온실가스 배출도 줄일 수 있다.

　　물론 현재 1980년대부터 시작하여 1998년부터 대량생산되고 있는 전복사료는 미역, 다시마가 주 사료원이다.

우리나라 주요 해조류

해조류

　조류를 크기로 분류하면 대형조류와 미세조류로 나눌 수 있는데, 우리가 식용으로 하는 해조류인 김, 미역, 다시마, 톳, 모자반, 청각, 파래 등은 대형조류이고 현미경으로 관찰이 가능한 미세조류로 분류할 수 있다. 미세조류에는 건강보조식품으로 활용되는 클로렐라, 스피룰리나 등이 이에 해당된다.

　해조류는 광합성 색소인 엽록소와 보조색소를 바탕으로 홍조류, 갈조류 그리고 녹조류로 구분한다.

　홍조류는 우뭇가사리, 김 등이며, 갈조류는 미역, 다시마, 톳 그리고 파래, 매생이는 녹조류로 구분한다. 미역, 김, 톳 등은 전통적으로 해조 음식이다. 최근 들어서 식문화 변화로 해조샐러드나 다양한 양념 조미 김 등이 각광 받고 있으며, 홍조류와 갈조류에서 추출한 해조 콜로이드 성분과 같은 추출된 천연물질이 식품 첨가제와 약품, 화장품 등에 사용되고 있다.

전통적으로 해조류들은 바다에 숲(해중림)을 이루어 수산생물의 서식처로서 생태계를 회복시켜온 중요한 역할을 해왔다. 또한 해조류는 우리 일상생활과 관련하여 다양한 분야에 활용되고 수산식품과 식품 첨가물에 활용됨에 따라 그 유용성이 증대됨에 따라 양식산업이 발달되고 수산업의 활성화에 기여하여 왔다.

우리나라의 해조류 양식은 약 200년의 역사를 가지고 있으며 생산량 측면에서 세계 최고의 해조류 생산국이다. 1960년대 이후 김, 미역, 다시마 양식은 주요한 어업인의 소득이 되고 있으며 최근에는 건강식품으로 소비가 증가하고 있다. 또한 해조류가 가지는 항암성의 의약품이나 화장품 등의 천연물 재료는 새로운 생명공학 기술과 더불어 해조의 연구 분야가 매우 광범하다.

우리나라의 해조류 자원은 녹조류 98종, 갈조류 166종, 홍조류 489종 등 총 753종이 분포하는 것으로 조사되었다. 현재 우리나라에서 양식되는 해조류는 미역, 다시마, 김, 톳, 매생이, 파래, 청각, 모자반, 꼬시래기가 대표적이다.

해조류의 양식법

해조류는 연안에서 지주식, 부류식, 연승식을 재배되고 있다. 지주식은 나뭇가지나 지주를 갯벌에 박아 세우고 그물 발을 설치해 해조를 기르는 방식이다. 부류식은 말뚝 대신 스티로폼(일정기간 후 전체 금

| 부류식 김 양식

지 예정) 부유 도구와 닻을 사용해 김발을 뜨게 하여 양식하는 방법으로 1970년대 후반부터 보급되었다. 부류식 양식법은 무노출 부류식에서 점차 개량되어 현재의 노출식으로 전환되었으나, 아직도 일부에서는 무노출 부류식을 사용하는 경우도 있다.

연승수하식 양식은 뜸통이나 뜰개를 이용해 밧줄을 해수면에 수평으로 띄운 후 그 줄에 일정 간격으로 수직 방향의 부착줄을 달아 양식하는 방법이다. 주로 굴 양식에 이용하는 방법이며 대형 갈조류인 다시마, 미역, 톳 등도 연승식으로 기르고 있다.

2017년 해양수산부는 '완도 지주식 김양식 어업'을 제5호 국가 중요 어업유산으로 지정하였다. 지주식양식은 초기에는 섶 양식 방식에서 개량되었다. 썰물 때 물이 빠지는 방법을 활용하는 것으로 수심 3~5m 이하에서만 가능하다.

| 지주식 김 양식

지주식 양식 방법은 일반적인 부류식 양식방법 보다 더 많은 시간
과 노력이 들어 현재는 전남 완도, 장흥, 강진 등 지주식 양식장에서는
대부분이 매생이 양식장으로 활용되고 있다.

주요 해조류의 특성

김

우리가 알고 있는 대표적인 해조류의 하나인 '김'은 청태, 해우, 해의,
해태라는 이름이 있다. '김'이라는 이름은 1650년경 전남 광양의 김여
익(金汝翼:1606~1660)이 처음으로 소나무 가지를 이용한 양식법을 창

안하여 보급하였다고 전해지고 있으며
'광양 사는 김 아무개가 만든 음식'으로
알려져 '김'이라고 불리게 되었다고 한다.

전라남도 광양시 태인동(太仁洞)에
는 우리나라에서 처음으로 김을 양식한
김여익을 기리는 사당과 김시식유물박
물관(전라남도 기념물 제113호)이 있다.
초기에 김은 해의(海衣)라고 하였는데
경상도지리지, 신증동국여지승람 등에
의하면 광양뿐만 아니라 울산·동래·영
일·진도·순천 등지에서 양식되었다고
한다. 영모재(永慕齋)의 비문에 따르면 김여익은 병자호란 때 의병을
일으켜 김여준(金汝浚)을 따라 청주에 이르렀으나, 화의가 성립되었다

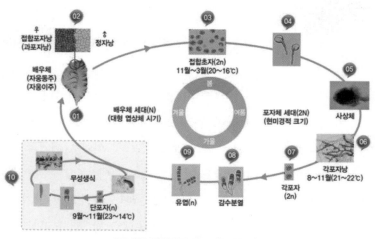

출처: 김양식 표준 매뉴얼(2018) (국립수산과학원 저)

는 말을 듣고 실망하여 1640년에 장흥을 거쳐 광양 태인도에 들어와 해의를 시식하며 살았다고 한다. 김여익이 김양식법을 고안한 것은 1640년에서 1660년(현종 1)이다. 기록상 완도 조약도의 김유몽(金有夢), 완도 고금면의 정시원(鄭時元) 보다 빠른 것이기에 최초로 김 양식의 시식자의 성씨를 본따서 '김'이라고 불린다고 전해지고 있다.

미역

미역은 우리나라에서 본초강목에는 해대(海帶)라 하고 동의보감에는 해채(海茱)하여 전통적으로 식용으로 애용하는 해조류이다.

무기질, 비타민 및 섬유질 성분, 점질성 다당류, 요오드를 함유하고 있다. 한국을 비롯하여 중국, 일본 등 동북 아시아 지역에서 주로 이용되는 식품으로 우리나라 기록에는 고려시대인 12세기에도 먹었다는 기록이 있고, 중국에는 8세기에 이미 우리나라 사람들이 먹고 있다는 기록이 있다. 전통식품으로 아기를 출산한 산모는 첫 끼니로 미역국을 먹는 품습이 있고 생일날에 미역국을 먹는 풍습도 있다.

미역에 포함된 알긴산은 홍조류에서 추출하는 아가와 카라기난과 함께 해조 콜로이드이며, 공업용 풀이나 아이스크림, 면류, 과자, 잼 등에 많이 이용되고 있다.

미역은 다시마와 함께 전복 양식의 주요 먹이로 이용된다. 식이섬유와 칼슘, 칼륨, 요오드 등이 풍부하여 신진대사를 활발하게 하고, 산후조리와 변비와 비만 예방, 철분과 칼슘 보충에 탁월하여 일찍부터 식용하였다. 혈압강하작용을 하는 라이닌(laminine)이라는 아미노산이 함유되어 콜레스테롤의 양을 감소시키는 효과가 있다.

다시마

다시마는 다년생 해조류로서 한반도, 일본, 캄차카반도, 사할린섬 등의 태평양 연안에 분포한다. 암갈색을 띠며 겉모습은 줄기, 잎, 뿌리가 구분이 뚜렷하며 길이는 1.5~3.5m, 너비는 25~40cm 정도의 띠 모양으로 자란다. 몸체는 두껍고 표면이 미끄러우며 가장자리는 물결무늬이다.

다시마도 알긴산 나트륨을 포함하고 있어 해조 콜로이드의 중요한 원료이다. 다시마는 한자어로 해대(海帶), 곤포(昆布)라고 하며 삼국시대부터 널리 식용해 온 해조류이다. 500년경 양나라 도홍경이 편찬한 본초경주(本草經註)에는 "곤포는 맛이 짜며 차고 독은 없다. 주로 12가지 수종, 앵류, 결기, 창 등을 치료한다"라고

쓰여 있다.

식이섬유, HEM, 칼슘, 셀레늄 등 다양한 기능성 성분을 지니고 있어 각종 성인병과 대장암 그리고 갑상선 등 질환을 예방하고 수명을 연장하는 묘약으로 알려져 있다. 1986년 소련의 체르노빌 원자력발전소 방사능 유출 사고 때 영향권에 든 유럽 각국에서 요오드 성분이 든 다시마 등의 해조류가 품귀현상을 빚은 바 있다. 이는 방사선 누출이나 농작물을 통한 간접오염에 가장 민감한 인체의 부위가 갑상선으로 이부위의 오염과 예방에는 요오드 성분이 많이 들어있는 다시마가 탁월하기 때문이다.

매생이

매생이란 '생생한 이끼를 바로 뜯는다'라는 뜻의 순수한 우리말이다. 정약전 선생의 자산어보에 의하면 "매생이는 누에실보다 가늘고 쇠털보다 촘촘하며 길이가 수척에 이르고 빛깔은 검푸르며, 국을 끓이면 연하고 부드럽고 서로 엉키면 풀어지지 않는다"고 수록되어 있다.

매생이는 김의 해적생물이었으나 전남 장흥관산 내저, 완도 고금 넙도 등지에서 자연 채묘에 의해 1990년대 초반부터 양식을 시작하여, 필자가 소장으로 재임하던 1999년에 해남어촌지도소에서 육상 인공채묘 기술을 세계 최초로 개발하였다.

현재도 일반적으로 9월에서 10월 초 자연 채묘로 양성하여 겨울에 수확하고 있는데, 대량생산을 위해서는 김처럼 인공채묘로의 전환과 이에 따른 양식 소재의 개발이 요구되고 있다.

굴과 함께 끓인 국은 아스파라긴산이 콩나물의 3배로 숙취 해소 해장국으로 으뜸이다. 겉으로 보기에 전혀 뜨겁게 보이지 않아 얼떨결에 입안을 데이기 쉬워 "미운 사위에게 매생이국 준다"라는 흥미로운 속담도 있다.

파래

파래는 녹조류과에 속하는 해조로서 구멍갈파래, 구멍갈파래, 모란갈파래, 초록갈파래, 갈파래, 가시파래 등으로 형태에 따라서 이름

격자파래　　　　납작파래　　　　가시파래　창자파래　잎파래

이 붙여졌다. 1999년 부터는 인공종묘생산시험에 성공하여 인공채묘나 자연태묘를 통해 양식생산이 가능하나 매생이와 같이 자연채묘가 주류를 이룬다.

파래는 특히 부영양화된 곳에서 무성하게 자라며, 내만이나 연안에서 대규모로 번성하여 해안을 덮어 양식장에 피해를 입히기도 한다.

나물로 무쳐먹거나 김과 함께 발에 배접하여 말려서 먹는다.

모자반

해조류 중 갈조류에 속하는 모자반은 외견상 뿌리, 줄기, 잎의 구분이 뚜렷하고 1~3m이상 크게 자란다. 줄기는 비틀린 형태로 삼릉주 또는 삼각형이다. 상부의 잎은 피침형이고 가장자리에 톱니 모양의 돌기가 나며 온몸에는 줄기부터 기낭(공기주머니)이 있다. 짙은 황갈색으로 전국 해안에서 자란다.

모자반속은 난해성 식물로서 다년생이며 한국의 연안에서 해중림을 이루는 대표적인 종류이다. 모자반은 식용으로 유통되고 있으며 알긴산 등 해조 공업의 원료로 이용되거나 비료로도 쓰인다. 모자반의 알긴산은 항암효과 항노화에 효과가 있으며 식이섬유가 풍부하여 변비 예방에 도움을 준다.

특히, 모자반은 칼슘과 칼륨 단백질뿐만 아니라 알긴산을 비롯한 다당류를 많이 가지고 있어서 공다공증 예방 등 뼈 건강에 좋으며 노폐물 배출을 원활하게 해 줄 뿐만 아니라 지방의 체내 흡수를 지연시키고 포만감이 있어 저칼로리 식품으로 다이어트에 좋다. 모자반은 펄분이나 비타민 복합체, 아미노산, 요오드 성분 등이 풍부하여 여성의 건강에 특히 좋다는 연구결과들이 있다.

최근 연구결과 발표에 의하면 모자반이 콜라겐의 합성을 도와 주름개선에 효과가 있어 피부가 매끈해진다고 한다. 또한 모자반에는 후코이단 성분이 많아서 항균작용과 면역력을 향상에 도움을 주는 것으로 분석되었다.

톳

톳은 한국, 일본, 중국 등에서 암초 위에 살고 있으며 특히 일본에서 선호하는 해조이다. 일본 음식점과 웰빙의 영향으로 영국과 미국등지에서도 수입해서 먹고 있다. 톳에는 칼슘, 칼륨, 요오드, 철, 마그네슘 등이 매우 풍부하다.

일부 국가에서는 다른 해조류보다 톳에 비소 함량이 높다고 하여 식용으로 먹는 것을 자제하라고 권

고하고 있지만, 톳을 과도하게 먹지 않는 이상 몸에 해가 없는 것으로 알려져 있다. 실제로 톳에 의한 비소중독 사례는 보고된 바는 없다. 사슴 꼬리와 유사하다고 하여 녹미채(鹿尾菜)라 부르며 자산어보에는 토의채(土衣菜)라고 하였다.

꼬시래기

꼬시래기는 연홍색 내지 녹색을 띤 홍색이고, 가늘고 긴 모습이 마치 면발 같아 '바다의 냉면'으로 불린다. 최근 들어 독소와 노폐물을 배출한다 하여 건강식품으로 주목받고 있다.

우리나라 남해안, 제주도 등에서 4~7월에 생육한다. 세계적으로 북태평양 하와이, 일본 등에 분포한다

본초강목에 '꼬시래기는 맛은 달고 성질은 차며 소변을 배출하고 열을 내려준다'고 기록되어 있다. 풍부한 식이 섬유가 체내 중국속과 지방, 노폐물을 흡착해 배출하는 효과를 낸다. 정혈작용이 있어 고혈압, 고지혈증, 당뇨와 같은 성인병 예방에 효과가 있다.

미세조류

미세조류의 특성

미세조류(microalgae)는 물속에 살며 광합성을 하는 단세포 조류로 일반적으로 식물성 플랑크톤이라 불린다. 미세조류는 단세포 형태의 크기가 매우 작은 생물집단이다. 미세조류는 현미경으로만 관찰이 가능한 크기로 단세포 광합성 생물인 식물플랑크톤이 포함된다.

이들은 대규모로 증식하여 강이나 호수, 바다의 색이 붉게 변하는 적조를 일으키기도 한다. 적조현상은 발생 원인과 진행 과정 그리고 소멸 과정 등이 매우 복잡할 뿐만 아니라 수질 환경에 미치는 영향이 매우 크다. 건강보조식품으로 활용되는 클로렐라, 스피룰리나 등이 이에 해당된다.

미세조류는 물, 햇빛, 이산화탄소만 공급해주면 무제한 증식이 가능하고, 지구 전체 광합성의 절반을 담당하고 있다. 눈에 보이지 않지만 무한한 잠재력을 가진 미래 생명자원인 미세조류는 좁은 면적에서 대량 생산이 가능하기 때문에 국토면적이 좁은 우리나라에도 매우 적합한 미래 청정 에너지원이다.

외국에서는 최근 이산화탄소 방출량의 50%정도가 대기에 잔류하며, 약48%가 해양으로 흡수되고, 나머지는 육상 식물군으로 흡수된다는 것이 입증되었다. 특히 육상식물에 비해 광합성 과정이 빨라 탄소고정율이 월등히 높으므로 식물플랑크톤의 이산화탄소 저감능력을 최대화 시키는 연구개발이 지속적으로 이행되어야 한다.

이산화탄소의 배출량을 줄이기 위해 많은 나라가 엄청난 연구비를 투자하고 있지만, 광합성을 이용한 생물학적 처리방법만이 근본적인 해결책이 된다. 이산화탄소 발생 주원인은 에너지 획득을 위한 화석연료의 연소 때문인데, 수생 미세조류는 육상식물에 비해 10배나 빠른 이산화탄소 고정화 율을 가지고 있으므로 미세조류를 이용한 이산화탄소 처리기술이 경제적으로 이익이 된다.

게다가 의약품, 염료, 정제 화학물질 등 외에도 폐수 처리와 농업 분야까지 응용 범위가 넓음에도 불구하고 연구 성과가 많이 뒤져있던 것은 적당한 광생물반응기가 부재했기 때문이다.

해양미세조류 대량생산 기술은 1890년 바이엘링이 처음으로 클로렐라 불가리스 배양에 성공한 것을 토대로 건강보조식품, 식품첨가제 등으로 사용되며 엄청난 산업적 가치를 인정받고 있다.

외국에서는 미세조류를 이용한 이산화탄소 저감기술에 많은 연구를 하고 있으며 특히 일본 해양연구소에서 분리된 해양 미세조류인 C. littorlae는 70%의 이산화탄소에 내성을 보였으나 SOX, NOX에 대한 내성이 떨어져 실제 공정에 적용하기는 어려운 상태이다.

| 녹조와 적조

국내의 미세조류의 배양에 있어서도 해양미세조류 배양은 초보적인 수준이며 이는 이산화탄소 제거 그 자체가 부가가치를 창출하지 못하기 때문이므로 정부 주도로 연구비를 확충하거나 세금을 부과하는 방안 등의 지원이 필요하다.

이러한 의미에서 미세조류를 이용한 이산화탄소 처리기술은 이산화탄소의 제거는 물론 미세조류 또는 그 유래의 활성물질의 생산에 의한 부가가치를 창출하고, 최적으로 설계될 경우 BOD/COD의 감소에도 기여할 수 있어 가장 우수한 공정으로 판단된다.

에너지·화학·환경에 활용

2000년대 이후 전 세계적으로 에너지, 산업소재 생산, 온실가스 저감 분야 등에서 잠재적 가능성을 인정받아 활발한 연구가 진행 중인데, 특히 버락 오바마 전 미국 대통령이 미세조류를 화석연료의 대체에너지로 언급하면서 엑손모빌, BP, 바스프, 릴라이언스 등 글로벌 기업들이 미세조류를 활용한 에너지 분야에 집중적인 투자를 하고 있다.

우리나라에서도 삼성경제연구소는 미세조류 활용이 확대될 3대 분야로 에너지, 화학, 환경 분야를 꼽았다. 에너지 분야에서 미세조류는 모든 바이오디젤 생산 작물 중 오일 생산성이 가장 우수하다. 식량 자원의 에너지화라는 비판에서도 자유로울 수 있다.

화학 분야에서는 미세조류를 활용한 다양한 유용 물질을 생산 중이다. 현재는 클로렐라, 스피룰리나와 같이 식품 분야에서 생산이 가장 활발히 이뤄진다. 앞으로 바이오플라스틱, 의약품, 화장품 원료 등의 분야로 생산이 확대될 전망이다.

또 중금속 등으로 오염된 토양 및 수질을 정화할 수 있는 능력도 가지고 있어 이산화탄소 저감 및 공장폐수 정화 사업 등에서 관련 기술개발 시도가 확대되고 있다.

클로렐라와 스피룰리나와 같이 안전성이 입증된 미세조류는 식품 산업에서 대규모로 배양이 이뤄지고 있다. 최근에는 미역과 다시마 등 거대조류에서 생산되던 항비만 소재를 미세조류에서 생산하는 시도가 이뤄지고 있다.

이산화탄소 흡수원으로써 해조류 활용 방안 세미나

개최 동기

필자가 국회의원이 되고자 했던 가장 큰 이유 중 하나는 '국회의원 중 농수산 전문가'가 없기 때문에 민의가 반영되지 못하고 정부 정책에 대한 견제세력이 없다는 점이었다. 드디어 필자가 국회의원이 됨으로써, 우리 국회에서도 정·산·관·학이 함께 모여 '농수산 정책'을 논의하고 충분한 의견 수렴 후 정책대안과 법률 제·개정을 할 수 있는 장(場)을 마련하게 되었다.

임기 중 이영호 의원실 주관으로 '스마트포럼(KOREA SMART FORUM)'를 61회 개최하였고, 그 중 '이산화탄소 흡수원으로써 해조류 활용방안'에 관한 세미나를 12 차례 개최하였다,

필자는 한국조류학회 회원(평의원)이자 국회의원 연구모임인 '바다포럼' 대표의원으로서 '이산화탄소 흡수원으로서 해조류 활용방안'에 대하여 중점을 둔 것은, 당시 우리나라는 유엔 기후변화협약에서 개발

도상국으로 분류되어 당장 온실가스를 감축하라는 압력은 없지만, OECD 가입국(대한민국 1996. 12. 12 회원국 가입)으로서 1999년 이산화탄소 배출량이 세계 10위였고, 2004년 10월 3일 국제 에너지기구가 공개한 '세계 주요 에너지 통계자료'에 따르면 2002년 한 해 동안 선진국들의 이산화탄소 배출량은 줄어든 반면, 대한민국이 배출한 이산화탄소는 모두 4억 5,155만 톤으로 세계 9위로 산정되어 2013년부터 2017년까지 시행되는 2차 의무감축대상국으로 지정될 가능성이 매우 높은 것으로 예상되었기 때문이다.

우리나라는 수출주도형 국가로서 에너지 다소비 산업구조를 가지고 있고 당시 대체에너지개발에 힘써온 서유럽국가들과 달리 대체에너지의 개발이 미흡하여 상대적으로 불리한 입장에 있었다. 교토의정서의 배출권거래제도(Emission Trading)와 이산화탄소 흡수원의 상계제도를 우리나라 실정에 맞는 해조류양식에 착안하여 그 해결 방안으로 국제사회에 제안하고 이를 인정받도록 노력하는 하는 매우 중요한 일이었다.

당시 일본에서는 동경대학의 노토야(能登谷) 교수와 미쓰비시(三菱) 연구센터, 도시바(東芝), NEC 등의 회사가 함께 다시마, 미역 등의 유용 해조류 양식장 또는 인공 숲을 조성하여 이산화탄소를 제거한 성공적인 사례를 남겼다. 갈조류인 Sostera marina를 이용하여 일 년에 약 36,000 톤의 탄소를 동화하여 수중에서 제거한다고 보고한 바 있었다.

우리나라 해조류양식기술은 세계 1위라고 하여도 과언이 아니다. 필자의 지도직 공직자 시절, 부경대학교 수산대학 손철현 교수님(한국

조류학회 회장 역임: 이영호 박사과정 지도교수님)과 해조류 주요 양식국 가인 인도네시아, 칠레, 뉴질랜드, 영국, 중국, 일본 등과 활발한 교류 를 하였고, 영국에 미역양식을 소개하고 보급한 바 있다.

실제 우리나라 해조류 양식기술은 부산수대 강제원, 박정홍 교수 님, 전남대 고남표 교수님에 의하여 시발되었고, 미국, 칠레 등과의 김 양식 환경조사에 대한 결과물들을 종합하여 필자가 해남어촌지도소 (현 전라남도 해양수산과학원 해남지원) 소장으로 재직 시 한국조류학회 제 7회 워크숍(1998년), 국제 해조류 양식 세미나(1999년) 등을 개최 하였는바 이를 종합하여 충분히 해조류양식이 이산화탄소 배출권을 대한민국을 중심으로 해조류양식 관계국들이 협력하면 인정받을 수 있다고 생각되었다.

이는 해조류 양식이 육지부 식물과 동일하게 환경정화식물로 인정 받을 수 있다는 것을 의미하며, 국제적 기술취약성을 기회로 한국고유 의 괄목할만한 해조류 이용 기술을 접목한다면 국제 환경기술 산업의 블루오션을 점유하여 국제사회에서 지구온난화 대책 수립에 선도적 역 할을 감당할 것으로 기대되었다.

외국에서도 해조류를 이용한 이산화탄소 흡수에 관한 연구결과가 상당수 있으나, 국내에서는 생리학적 연구 및 영양염류 제거에 초점이 맞추어져 진행되고 있으며 이산화탄소 흡수에 관해서는 국내 연구자 들이 아직 관심을 갖지 못하고 있다가 2004년 이영호가 국회에서 최 초로 한국조류학회, 국제조류학회를 개최하는 등의 노력에 의하여 과 학기술부와 협의 21C 프론티어 사업으로 "이산화탄소 저감 및 처리기 술개발 사업"을 선정하고 각부처 연구개발사업에 대하여 과학기술부

(당시, 과기부 부총리)에서 총괄하고 청와대 과학기술보좌관 박기영 박사님, 산업자원부, 농림부, 환경부, 해양수산부 등 관련 부처가 협력체계를 구축 산자부에서는 미세조류, 해양수산부에서는 해조류를 책임부서로 지정하였다.

그 당시 동해안과 제주도 연안 갯바위의 갯녹음(백화)현상에 대한 원인 규명에 대한 연구가 진행되고 있었으며, 대처 방안의 하나로 해중림 조성과 해조장 조성용 어초 투입 등 다양한 방안이 실행 중에 있었다. 또한 통영 바다목장을 비롯하여, 여수, 태안, 울진, 북제주 바다목장에서도 어족자원 증강을 위한 어초 투입 등이 지난 수십 년 동안 수행되어 왔으나 CO_2 저감을 위한 개념으로 수행된 것은 아니었다.

우리나라는 삼면이 바다이고 세계 최고의 수산양식기술을 보유하고 있다. 기후변화협약에 이산화탄소 저감식물로서 해조류가 지정되면 양식 어업인들의 소득은 급격히 증가할 것이며, 양식 산업에 부수적인 산업에 미치는 경제활동이 활발하여 경제적 파급효과는 매우 클 것으로 생각되었다.

아울러, '이산화탄소 배출저감식물'로 지정받는다면, 우리나라의 탄소배출권을 넘어국가 간에 거래될 매년 200억불 이상의 탄소거래권에서도 수익을 창출할 수 있을 것이며, 해조류에 의한 식량산업과 해양바이오 산업을 육성할 수 있어 경제적 이익뿐만 아니라 자연환경보호와 해양자원개발, 국가 경쟁력 향상 등의 부대 효과를 기대할 수 있다.

더하여 해조류를 이산화탄소 흡수원으로 인정받게 된다면 탄소중립 달성은 물론 탄소배출권은 대략 30조~100조 규모에 이를 것이며, 이를 해조류양식어업인과 농림축수산업 종사자들에게 일정부분 보상할 수 있게 하여 수출 주도형의 대한민국 경제에서 국부 창출에 획기적으로 기여할 수 있는 시대적 과제라고 생각했다.

세미나 참여 주요 연구진

당시 한국조류학회 원로이시며 학회를 창립하신 서울대 이인규 교수님(부산수산대학 고 강제원 교수님), 조류학회 회장님이신 충북대 부성민 회장님과 김영환 교수님, 이인규 아시아·태평양 조류학회 회장님, 김영돈 조류학회 부회장님, 상명대학 이진환 교수님, 청주대학 이해복 교수님, 부경대 손철현·김창훈 교수님, 전남대 고남표·김광용 교수님, 공주대 김광훈 교수님, 경상대 김남길 교수님, 부산대 정익교 교수님, 한양대 한명수·진언선 교수님, 강릉대 김형섭·김형근 교수님, 인제대 이진애 교수님, 영남대 김미경 교수님, 이준백 제주대 교수님 을 비롯한 조류학회 회원님들, 해양·수산·생물학 교수단과 대통령 과학기술 보좌관 이신 순천대 박기영 교수님, 김동수 국무조정실 심의관님, 이용걸 기획예산처 산업재정기획단장님, 주봉현 산업자원부 자원정책심의관님, 김경식 환경부 대기보전국장님, 신평식 해양수산부 해양정책국장님, 이선준 해양수산부 어업자원국장, 이봉길 해양경찰청 오염관리국장님 등 정부 부처 관계자들, 그리고 LG 및 GS 칼텍스 등 대기업 연구진 그리고 해양수산인들이 뜻을 같이 하였다.

분야별 연구과제 및 책임자 선정

- 해조류를 이용한 이산화탄소 제어시스템에 관한 연구
  - 충북대학교 김영환 교수, 인천대학교 한태준 교수

- 미세조류를 이용한 이산화탄소 저감 연구
  - 한양대학교 한명수 교수

- 인공해조생태계를 이용한 이산화탄소 흡수방안
  - 충북대학교 김영환 교수

- 연안역 이산화탄소 통합 관리 벨트 조성 관한연구
  - 충북대학교 김영환 교수, 부산대학교 정익교 교수

- 기후변화협약의 정책적 대응을 위한 국제협력
  - 상명대학교 이진환 교수

여러 교수님들과 연구진들이 우리나라에서는 연구 사례가 거의 전무하였던 해조류의 이산화탄소 저감 효과와 기술개발에 열정적으로 참여해 주셨으나, 이 연구의 한 축으로 참여했던 필자가 18대 국회의원으로 재입성을 하지 못하고 이명박 정부에서 과학기술부, 해양수산부 폐지 등으로 기존과제 이후 CDM 사업을 완료 하지 못한 채 현재에 이르고 있어 가슴 답답한 통한이 되었다.

앞으로 연구자들의 노력이 반드시 빛을 볼 수 있게 하여 CDM 사업을 완수하겠다는 의지를 다지며, 이영호 의원실에서 주관하였던 '이

산화탄소 흡수원으로서 해조류의 유용성'에 관한 12차례의 세미나와
간담회의 주요내용을 간추려 정리하였다.

세미나 주요 내용

제1회 종합 간담회

이산화탄소 저감식물로 해조류를 이용하기 위한 종합 간담회

- ▶ **일시 및 장소:** 2005년 4월 15일(금) 15:00, 국회의원회관 소회
  의실
- ▶ **주관:** 이영호 국회의원
- ▶ **참석대상:** 한국조류학회 회장 부성민교수님외 회원 70명, 상명
  대학교 이진환 교수외 환경·생명 전공 교수 15명
  국무조정실 산업심의관 김동수 외 부처 관계자 20명

- ▶ **이영호 의원 기조 발언**
  우리나라도 기후변화 협약 당사국으로서 이에 대한 대응책을
  마련해야 합니다. 국제적으로 육지 숲에 대한 탄소저감에 대한

인정만 있고, 해조류의 탁월한 이산화탄소 저감능력이 있음에도 해조류에 대한 인정은 아직 없습니다. 따라서 이산화탄소 흡수원으로 인정받는 해조류는 양식 생산에 의한 해조류로 인정될 필요가 있습니다. 현재는 해조류가 교토의정서에서 이산화탄소 감축방법으로 인정받고 있지 않더라도 사전에 준비를 해야 하며, CDM 사업에 반드시 포함 되어야 한다고 생각합니다.

해조류양식은 우리나라와 중국, 일본 등 현재까지는 해조류 양식국가가 10여개 국에 불과하지만, 이들 나라와 협력하여 국제적으로 인정을 받기위해서는 이에 대한 연구결과물을 제시할 수 있어야 할 것입니다,

현재 일본은 이미 산, 학, 연 연구자들이 컨소시엄을 구성해 정부의 지원을 받아 연구를 추진하는 것으로 알려지고 있습니다. 그러나 아직 우리나라에서는 이에 대한 연구가 미진하여 국회, 관계 공무원, 전문 교수단 등이 뜻을 같이 하여 이산화탄소 저감식물로 해조류를 이용하기 위한 방안을 강구할 수 있도록 하기 위하여 이 자리를 마련하였습니다.

오늘 조류학회 부성민 회장님과 학회 부회장이신 동성해양 김영돈 회장님을 비롯하여 한국조류학회를 창립하시고 이영호의 영원한 멘토이시며 우리 모두의 스승님신 서울대 이인규 교수님께 깊은 감사의 말씀을 올립니다. 오늘 조류 분야에서 가장 권위 있으신 여러 교수님들과 직접 관련 있는 정부부처 관계자분들을 모셨으니, 앞으로 연구 진행과 추진을 어떻게 해야 할 것인지 논의가 되었으면 좋겠습니다. 함께 해주셔서 감사합니다.

▶ 조류학회 회장이신 부성민 교수님 격려사

이영호 의원께서 이러한 자리를 만들어 주셔서 조류학회 회장으로서 감사의 말씀을 드립니다. 우리 조류학회 회원 여러분들과 정부 부처 관계자들의 열정과 동참이 더욱 증대된다면 해조류를 이산화탄소 흡수원으로 지정하고 환경오염 저감식물로 활용하기 위한 방안을 모색할 수 있으리라고 봅니다. 이는 분명 우리나라 수산업 활로의 돌파구 마련이 될 수 있으리라고 확신합니다.

우리 한국조류학회에서는 연구주제를 각 회원 교수님들과 협의하여 전공에 따라 배분하고 계획을 세워 의원님께서 생각하신 바를 꼭 달성할 수 있도록 합시다.

▶ 논의 내용

이진환 상명대학교 교수

해조류의 이산화탄소 제어 유용성은 여러 학자들과 전문가들의
연구결과 확실하지만, 이것은 우리나라만 인정한다고 해결되는
문제가 아니다. 일본, 중국과 힘을 합치고 이에 미국을 비롯한
국제기구에서 동의를 해야만 한다.

더불어 이 일은 국가에서 추진해야 할 일이므로, 대학교수님들
의 연구논문만으로도 할 수 없다. 정부가 앞장서고, 학계에서
이를 뒷받침하는 이론을 제시하고 정치권이 이를 조정하면서 모
두 한마음으로 힘을 모아 함께 꿈을 꾸었을 때 국가적 사업이
성공할 수 있을 것이다.

김광훈 공주대학교 교수

최근 중국과 남아프리카에서 개최된 세계조류학회에서 발표된
논문중 상당수가 해조류를 이용한 이산화탄소 저감과 관련된
것이었다면서 선진국에서는 이미 실질 저감 방안과 기계화 공
정, 자기 나라에 이익이 될 수 있는 방안까지 마련하고 있어 연
구개발을 서둘러야 한다고 주장했다.

이진환 상명대학교 교수

최근 일본 내각부 종합과학기술회의는 온실가스 배출량 파악,
풍수해·지진 해일 관측 강화 등을 내용으로 하는 "지구관측 추

진전략"을 발표하였으며, 전 세계적인 온실가스 배출량 파악, 해양의 CO_2 흡수능력 규명, 온난화 취약 지역에 대한 모니터링 등을 위해 관측시스템을 정비하기로 하였다.

해양생물자원에 대한 장기 관측체제와 범 세계적인 에너지·광물자원 기초지도를 정비하고, 위성을 통한 기상·해상 관측을 강화하고, 2003년부터 연간 7,000 ~ 13,000만톤 처리를 위해 기본 단위인 연간 1,000만톤 규모의 해양처리시스템 개발을 '94년부터 추진 중으로 주로 심해에 CO2 소립자를 분사시키는 해중분사방법과 지중 매설법을 동시 연구하고 있다.

김영환 충남대 교수

해양을 대상으로 제시된 온실가스 저감 대책도 이미 잘 알려져 있으나, 다른 방안과 마찬가지로 경제성과 실행성에 대한 문제가 적절히 고려되어야 하며, 특히 연안역에서는 대부분의 인간 활동의 이해관계가 상충되는 경우가 빈번히 발생하므로, 이경우 "연안역통합관리 (Integrated Coastal Zone Management: ICZM 혹은 ICM)란 큰 틀의 기준에서 생태계의 기초 원리를 바탕으로 규제하거나 조절하는 "생태계 기반 연안역 관리 (Ecosystem based Coastal Zone Management)"의 개념이 정립되어야 할 것이다.

김동수 국무조정실 산업심의관

정부에서도 『기후변화협약대응제3차종합대책』에 제시된 다양한 분야의 직접적인 저감 방안과 간접적인 사회 경제적인 대처 방안이 제시되었고 각 부처별로 공동으로 실행하고 있다.

이에 따라 의무부담에 대비한 대내·외 대응체계 구축사업, 교토의정서에 규정된 6대 온실가스 감축사업, 기후변화의 부정적 영향에 대비한 사업 등을 주요 추진과제로 정하고, 향후에도 실무조정회의 및 외부전문가 추진성과평가를 정례화하고 평가결과, 국제동향 등을 토대로 매년 종합대책을 수정·보완하며 부처별 관련 전문가 양성 및 조직보강을 추진하기로 하였다.

한문희 과학기술부 에너지 환경심의관

제252회 임시국회(2.16일)에서 이영호 의원은 해조류를 이산화탄소 감축 대안으로서 적극 검토해 줄 것을 정부에 요구하였고, 이에 대한 검토 결과 해조류의 활용이 이산화탄소 감축대안으로서 가치가 있다고 판단되었다. 이에 따라 해조류를 이산화탄소 배출저감식물(방법)로 지정하기 위한 후속 조치를 검토한 바, 우리나라의 해조류 생산량이 중국, 일본에 이어 세계 3위이므로 우리나라의 입장에서는 해조류가 이산화탄소 저감식물로 지정될 경우 교토의정서 이행에 유리한 위치를 차지할 수 있을 것으로 예상되나 현재는 해조류가 교토의정서에서 이산화탄소 감축방법으로 인정받고 있지 않다.

해조류가 국제적으로 이산화탄소 감축 방법으로 인정받을 수 있도록 국내 해조류 생산현황과 이산화탄소 흡수량에 대한 정밀조사를 실시하고 해조류 생산국인 한·중·일이 공동으로 대응하여 '기후변화에 관한 정부간 협의체(IPCC)'에서 논의되도록 추진할 계획이다.

2004년도 기준 해조류 양식어장은 총 2,277건에 69,348ha로서 전체 해면양식 면허 면적의 56.3%를 차지하고 있다. 전년도와 비교하면 김, 미역은 어장면적이 감소하고 있고 전복 먹이인 다시마, 파래, 톳 등 기타 해조류는 어장개발 면적이 증가한 것으로 나타났다. 김, 미역에 대하여는 안정생산을 도모하고 가격 하락에 의한 어업인들의 경영악화를 감안, 신규어장개발을 2003년부터 금지하고 있다.

2004년도 해조류 생산량은 53만 7,000톤으로 총 양식 생산량 (91만 8,000톤)의 58.5%이며 우리나라 총 수산물 생산량(2,519톤)의 21%를 차지한다.

이에 대해 기획예산처, 환경부, 과학기술부, 산업자원부 등 정부 부처 관계자들은 해조류가 이산화탄소 감축대안으로서 가치가 있다면서 이산화탄소 흡수량에 대한 정밀조사와 한·중·일 공동 대응, 정부차원의 연구개발 지원 등에 대해 공감을 표시했다.

이날 간담회에는 5개부처 관계 공무원과 해조류를 전문으로 연구하는 대학 교수 등 100여명이 참석하여 4시간 여 동안 열띤 토론을 벌였다.

▶ **일시 및 장소:** 2005년 6월 27일(월) 16:00, 상명대학교 국제회의실

▶ **주관:** 이영호 국회의원

▶ **주최:** 한국조류학회

▶ **참석 대상:** 한국조류학회 부성민 회장 및 조류학회 평의원 10명
　　　　　　충북대학교 김영환 교수외 환경·생명 전공 교수 18명

▶ **행사 개요:**

제1회 간담회에서 논의된 이산화탄소 흡수원으로서의 해조류 지정을 위하여 정부 부처 관계자, 교수진 및 학계 단체의 합의 사안 토대로 교수진, 관계 전문가들이 세부 계획안을 결정하고자 마련된 자리이다.

본 회의에서는 3대 세부과제(7대 소과제)의 연구계획서 제출, 계획서 검토 및 연구 계획서 발표대회 결정 및 자문위원회 구성에 관하여 논의하였다.

▶ **연구계획서 발표회 개최 계획**

• 일시: 2005년 8월 24일 (수) 10:30 국회에서 연구계획서를 발표하기로 함

• 발표 참석자 논의: 청와대 과학기술보좌관 박기영, 과제책임자, 6개부(해양수산부, 환경부, 산업자원부, 과학기술부, 국무조정실, 기획예산처)의 실국장, 국회 농림해양수산위원회 전문위원, 수협중앙회 관계자 등 30여명

이영호 의원 기조발언

지구 온난화 현상으로 인하여 지구촌의 기후는 북반구의 빙산이 1950년 이래로 약 10~15% 감소하며, 남태평양 섬나라가 물에 잠기는 등의 기상 이변과 사막화가 급속히 진행되고 있다. 이에 따라 전 세계적으로 기후변화협약, 교토의정서가 발효되는 등의 노력이 이루어지고 있다.

우리나라는 아직 기후변화협약 상 개발도상국으로 포함되어 선진국 수준의 온실가스 감축의무를 받지 않고는 있으나, 온실가스를 비용·효과적으로 감축하기 위한 정책적 노력이 필요하며 현재 배출권거래제 도입 방안이 제기되고 있다. 대기 중에 CO_2 저 감연구는 지금까지 대기권을 중심으로 이루어져 왔으나, 물속의 조류들이 육상 식물의 광합성 과정보다 10배정도 탄소고정율이 높기 때문에 심도 있게 연구 기획안을 모색하고 집약하여야 한다.

▶ **분야별 연구과제 내용 검토**

해조류를 이용한 이산화탄소 저감을 위한 국제협력 연구과제

• 세부과제책임자: 충북대학교 이진환 교수
• 추진 계획: 한국·일본·중국 3개국이 협력하여 기후변화협약에 대응할 수 있도록 연구과제를 도출해야 할 것이며, 세부과제책임자(팀장)와 팀원의 구성은 총괄책임자가 관련 전문가

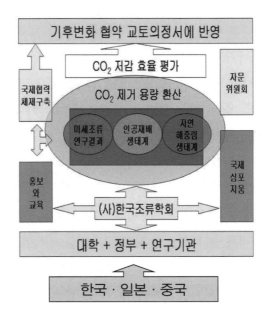

의견을 수렴하여 수립할 것이다.

미세조류분야 과제: 한양대학교 한명수 교수

• 미세조류 분야는 해양생태계의 일차생산자로서 이산화탄소를 제거하는 유용한 미세조류를 탐색하여 대량배양 및 산업체에서 배출되는 이산화탄소의 제거율을 연구내용으로 하고 있으며 부수적으로 고부가 가치의 생물자원을 얻을 수 있다.

• 온실가스, 특히 이산화탄소가 환경에 미치는 심각성은 교토의정서에 의해, 이산화탄소의 배출량을 1990년 수준으로 줄이는 것으로 나타날 만큼 시급해졌으며, 이산화탄소의 배출량을 줄이기 위해 많은 나라가 엄청난 연구비를 투자하여 많은 연구를 진행하고 있다.

이산화탄소 발생의 주원인은 주로 에너지 획득을 위한 화석연료의 연소이다. 따라서 이산화탄소의 저감대책은 크게 다음과 같이 5가지로 분류될 수 있다.

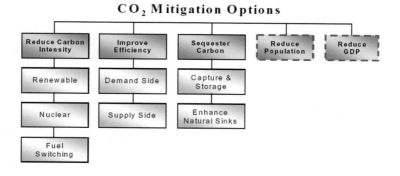

그러나 4, 5번째 대책은 인구를 줄이거나 성장을 둔화시켜 에너지를 절대사용량을 줄이고자하는 노력은 현실성이 없으므로, 남는 가능성은 처음의 3가지이다.

위의 그림에서 보는 바와 같이, 화석연료의 비중을 낮추는 방법과 에너지의 효율을 높이는 방법, 그리고 발생되는 이산화탄소를 제거하는 방법이다. 처음 두 방법은 인류가 꾸준히 노력하여야 할 문제이고, 이미 높아진 이산화탄소의 농도를 줄이기보다는 발생을 억제하는 쪽에 가까우며, 대개 물리·화학적인 방법이므로 이루어진다.

> **친환경적이고 클린한 이산화탄소의 제어시스템 연구:**
> **충북대학교 김영환 교수**

- 지구표면의 71%를 차지하는 해양은 대기 중 이산화탄소를 제거하고 고정하는 잠재적 능력을 보유하고 있고 특히, 해양 생태계의 주된 생산자라고 할 수 있는 해조류는 광합성이라고 하는 생리활동을 통해 연간 약 290억 톤의 이산화탄소를 제거하는 것으로 추정되고 있다.

- Mann(1973)은 Science 잡지에 투고한 연구논문에서 해조류는 육상식물에 버금가는 생산성을 나타낸다고 보고한 바 있는데 이는 육상생태계에서 인공조림을 통해 이산화탄소를 저감하는 방안을 세운 것과 마찬가지로 해조류를 이산화탄소 저감을 위한 생물학적 펌프로 사용할 수 있는 가능성의 지표를 열어준 것이라고 할 수 있다.

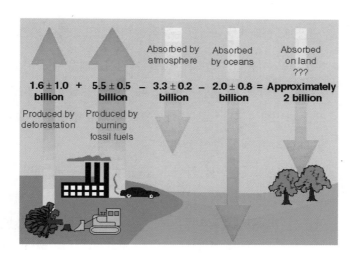

- CO_2 저감 연안역 벨트(Coastal CO2 Reduction Belt: CCRB)의 조성과 관리체제 구축

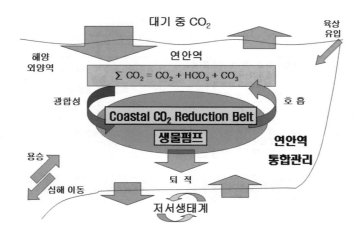

인공해조생태계를 이용한 효율적인 이산화탄소 흡수 방안 개발

- 해조류를 이용한 이산화탄소를 제거시스템을 인공위성을 도입하여 파악하고, 연안역에 있어서 해조양식의 실태 및 효율적인 관리의 연구 그리고 해조양식장에서 효율적인 제거기술을 개발하는 것이 주안점이다.

- 인공해조생태계의 이산화탄소 흡수에 대한 연구 개발 추진체계에 보인 바와 같이 이산화탄소 총 저감량 파악은 세부책임자로서 성균관대학교의 김정하 교수, 경상대학교의 김남길 교수, 충북대학교의 김영환 교수가, 이산화탄소의 저감방안 개발에 대해서는 국립수산과학원의 백재민 소장과 국립수산과학원 이정우 소장 팀이 주도적으로 수행한다. 한편 해조생리팀과 연안 관리팀과의 긴밀한 협조체제로 연구 목표를 달성하도록 노력한다.

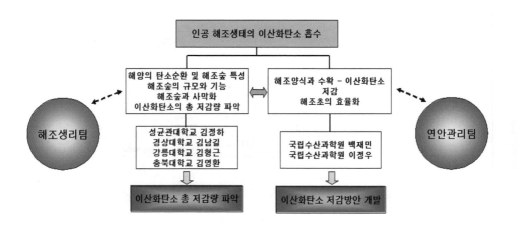

이 연구에서 해조류의 생물학적, 바다환경에 대한 연구가 추진되어 해조류가 갖는 성분의 탐색, 환경지표 생물의 이해, 정화식물의 대량 생산으로 바다환경을 안정화하는 기술을 마련하게 될 것이며, 이 연구에서 인공해조생태지의 해조에 의한 이산화탄소의 능력이 인식되고 이의 연구결과가 기후변동에 관한 국제협의체(IPCC)에서 인정이 된다면 2013년부터 시행되는 지구온난화에 대한 이산화탄소의 방출에 대한 부담금에 대한 삭감을 신청할 수 있을 것이다.

제3회 연구자 회의

▶ **일시 및 장소:** 2005년 6월 27일(월) 16:00, 상명대학교 국제회의실
▶ **주관:** 이영호 국회의원
▶ **주최:** 한국조류학회
▶ **참석 대상:** 한국조류학회 부성민 회장 및 조류학회 평의원 10, 충북대학교 김영환 교수외 환경·생명 전공 교수 18명
▶ **행사 개요:**
   제1회 간담회에서 논의된 이산화탄소 흡수원으로서의 해조류 지정을 위하여 정부 부처 관계자, 교수진 및 학계 단체의 합의 제3회 연구자 회의
▶ **일시 및 장소:** 2005년 7월 1일 (금) 16:00, 부경대학교

▶ **주관:** 이영호 국회의원

▶ **참석 대상:** 한국조류학회 회장 부성민 교수외 환경·생명 전공 교수 20명, 이욱재 생명공학연구원 박사, 강래선 한국해양연구원 박사

▶ **행사 개요:** 해조류 연구 관련 교수진, 연구원이 참석하여 해조류를 이용한 이산화탄소 저감 방안에 관한 연구 계획서의 설명 및 연구 보완을 논의하였다.

▶ **연구계획서 발표회 개최 :**

연구계획서 작성지침

해양수산부 R&D 양식에 따르되 총괄과제책임자와 상의한다.

연구진 편성

전반적인 연구내용이나 범위가 전해지면 총괄과제책임자와 세부책임자의 의견을 들어 연구진을 편성하되, 일반 R&D 사업과 달리 국제협약에서 해조류를 저감식물로 지정받기 위한 사업이므로, 상한 의지와 연구력이 뛰어난 인재로 편성하되 경쟁을 유도해야 한다.

▶ 연구 내용

해조양식 분야: 충북대 김영환 교수

• 천연해조와 재배해조의 CO_2 흡수력을 비교 검토하여 적극적인 관리를 통한 해조양식 못지않은 천연해조장의 CO_2 저감방안등을 고려해야 한다. 따라서 대상해조를 선정하기 위해서는 대형해조류의 생리, 생태에 관한 연구가 CO_2 흡수력을 중심으로 이루어 져야 한다.

이는 김, 미역, 다시마, 톳, 모자반 등 기존의 경제성이 있는 해조류를 대상으로 CO_2 흡수원으로서의 부가적인 역할과 기능을 활용한다는 측면과 경제성이 없다고 하더라도 CO_2 흡수원으로서 기능과 역할을 더 높이 평가하여 기존의 상업적 측면의 해조류 양식이 아니라 수명이 짧고 빠르게 성장하며 CO_2흡수력만을 고려한 해조류양식으로 나누어 생각해 보아야 한다는 점이다.

이때 전자의 경우 (경제성이 있는 해조양식)를 생각하여 해조류 재배면적의 확대를 통한 대량생산체제를 구축할 경우 가격폭락 등 기존의 해조생산 漁家에 심대한 경제적 타격을 가할 수 있다. 이렇게 할 경우 생산된 해조류의 고도이용, 가공기술 분야의 연구가 시급한 과제라 할 수 있다. 이러한 점을 고려하더라도 천연해조의 CO_2흡수력과 재배해조의 CO_2흡수력 등을 상호 비교 검토하여 해조양식 못지않은 천연해조장의 적극적인 관리를 통한 CO_2저감방안 등을 신중히 고려해야 할 것이다. 따라서 이러한 점을 고려하여 대상해조를 선정하기 위해서는 대형해조류의 생리, 생태에 대한 연구가 CO_2흡수력을 중심으로 이루어져야 한다는 점이다.

해조숲 분야: 충북대 김영환 교수

• 교토의정서가 정하고 있는 배출삭감 목표를 달성하기 위해서는 지구온난화 대책으로 '해조의 이산화탄소 흡수 능력을 재인식하는 것'과 '서식 공간으로 해조숲을 대규모로 정비해서 이산화탄소를 대규모로 흡수하는 중요성'의 명기를 제안하고 있다.
우리나라 연안 해조의 이산화탄소 흡수 능력을 해조숲 구성종을 중심으로 분석하고자 한다.

- 자연에 서식하거나 양식 해조류 모두 모두 광합성 기능을 이용한 친환경적이고 깨끗한 대규모 탄소제거 시스템 및 한반도 연안 해조류 벨트 권역별 이산화탄소 동태 파악을 위한 원격탐사 시스템의 개발하고자 한다.

제4회 교수진 과제 검토 회의

▶ **일시 및 장소**: 2005년 8월 2일(화) 10:00, 이영호 의원실
▶ **주관**: 이영호 국회의원
▶ **참석 대상**: 한국조류학회 회장 부성민,
　　　　　　　　과제총괄책임자 상명대학교 이진환 교수
　　　　　　　　인제대학교 이진애 교수
▶ **연구 내용**

> 미세조류를 이용한 CO_2저감 연구 기획안:
> 생리생태학적인 연구 중심으로, 영남대학교 김미경 교수

- 외국에서는 최근 CO_2방출량의 50%정도가 대기에 잔류하며, 약 48%가 해양으로 흡수되고, 나머지는 육상 식물군으로 흡수된다는 것이 입증되었다.
특히 육상식물에 비해 광합성 과정이 빨라 탄소 고정율이 월등히 높으므로 식물플랑크톤의 CO_2 저감능력을 최대화 시키

는 연구개발이 지속적으로 이행되어야 한다.

국내에서는 아직 온실가스 감축의무 부담이 없는 상황이지만 CO_2 저감을 위한 기초연구는 체계적으로 진행되고 있다.

• 본 연구를 통해 한반도 해양, 갯벌 및 호소 생태계에서 미세조류에 의한 CO_2 흐름, 흡수율, 기작 등에 대한 현상 규명이 절실히 요구되고, 이 기초 연구에 대한 이해를 바탕으로 미세조류의 지구온난화 가스 저감 기능에 대한 효과를 홍보하여 해조류와 함께 미세조류가 이산화탄소 흡수원으로 국제인증을 받을 수 있는 객관적인 data를 제시하여 국제적으로 해조류 및 미세조류의 위상제고에 기여하게 될 것이다.

미세조류를 이용한 CO_2저감 연구: 광배양기 개발 및 제작. 인하대학교 이철균 교수

• CO_2의 배출량을 줄이기 위해 많은 나라가 엄청난 연구비를 투자하고 있지만, 광합성을 이용한 생물학적 처리방법만이 근본적인 해결책이 된다. CO_2 발생의 주 원인은 에너지 획득을 위한 화석연료의 연소 때문인데, 수생 미세조류는 육상식물에 비해 10배나 빠른 이산화탄소 고정화율을 가지고 있으므로 미세조류를 이용한 이산화탄소 처리기술이 경제적으로 이익이 된다.

• 모식도는 이산화탄소 배출원에서 가스를 배양기로 직접 공급시켜 미세조류를 배양하고 유용물질을 생산할 수 있는 공정과정을 보여주는 예이다. 배양된 미세조류는 공정과정을 거

처 바이오 오일 (Bio-oil), 바이오 수소생산 같은 대체에너지
원으로 재활용되거나 그밖에 고부가가치의 생리 활성물질로
활용되어 경제적으로 수익을 창출할 수 있다.

- 따라서 건물옥상의 자연광을 이용한 광배양기의 설치, 화석연
  료 사용의 공장굴뚝에서 직접 배출되는 이산화탄소를 포집하
  여 농축된 이산화탄소를 공급하는 시스템은 생물학적 이산화
  탄소 저감기술이 다른 어떤 기술개발과는 차별화된 미래지향
  적이고 부가가치를 창출할 수 있는 유일한 방법이라 할 수 있
  겠다.

- 국내의 미세조류의 배양에 있어서도 해양미세조류 배양은 초
  보적인 수준이며 이는 CO_2제거 그 자체가 부가가치를 창출
  하지 못하기 때문이므로 정부 주도로 연구비를 확충하거나

세금을 부과하는 방안들의 지원이 필요하다.

이러한 의미에서 미세조류를 이용한 CO_2처리기술은 이산화탄소의 제거는 물론 미세조류 또는 그 유래의 활성물질의 생산에 의한 부가가치를 창출하고, 최적으로 설계될 경우 BOD/COD 감소에도 기여할 수 있어 가장 우수한 공정으로 판단된다.

> **미세조류를 이용한 CO_2저감 연구 기획안:**
> **응용 및 산업화 관련 연구 중심, 한양대학교 진언선 교수**

- 우리나라에서는 아직 미세조류 산물의 상업화 및 제품화가 보편화되어 있지 않고 산업적 이용을 위한 연구로서 탐색하는 정도에 머물러 있으므로 유전공학 기술과 대량생산 기술 등을 접목시켜 제품화를 위한 연구를 촉진시킬 필요가 있다. 본 연구에서는 미세조류 산물을 응용하여 상업화 및 제품화 하는 방안을 모색할 것이다.

- CO_2의 배출량을 줄이기 위해 많은 나라가 엄청난 연구비를 투자하고 있지만, 광합성을 이용한 생물학적 처리방법만이 근본적인 해결책이 된다.

- CO_2 발생의 주 원인은 에너지 획득을 위한 화석연료의 연소 때문인데, 수생 미세조류는 육상식물에 비해 10배나 빠른 이산화탄소 고정화율을 가지고 있으므로 미세조류를 이용한 이산화탄소 처리기술이 경제적으로 이익이 된다. 게다가 의약품, 염료, 정제 화학물질 등 외에도 폐수 처리와 농업 분야까지 응용 범위가 넓음에도 불구하고 연구 성과가 많이 뒤져있

던 것은 적당한 광생물반응기가 부재했기 때문이다.

• 해양미세조류 대량생산 기술은 1890년 바이엘링이 처음으로 클로렐가 불가리스 배양에 성공한 것을 토대로 건강보조식품, 식품첨가제등으로 사용되며 엄청난 산업적 가치를 인정받고 있다. 외국에서는 미세조류를 이용한 CO_2저감기술에 많은 연구를 하고 있으며 특히 일본 해양연구소에서 분리된 해양 미세조류인 C. littorlae는 70%의 CO_2에 내성을 보였으나 SOX, NOX에 대한 내성이 떨어져 실제 공정에 적용하기는 어려운 상태이다.

• 이미 해외에서는 미세조류 유래의 생리활성물질이 상업적으로 활발히 이용되고 있는데, Astaxanthin을 비롯한 미세조류 유래의 카로티노이드들은 그 뛰어난 항산화 기능을 인정받아 식품첨가물이나 향장소재 등으로 널리 이용되고 있다. 그러나 국내 CO_2의 생물학적 고정에 대한 대책은 조림사업 정도에 국한되어 있는 등 아직 시작단계에 머물러 있는 실정이다.

• CO_2의 회수와 처리에 비용이 드는 만큼 이를 산업적으로 이용할 수 있는 시스템을 적용하여 상업적인 최종 산물을 얻을 필요가 있으며, 비용효율을 증대시키기 위해 고부가가치의 최종산물을 얻기 위한 연구가 필요하다. 이런 의미에서 대부분 수입에 의존하고 있는 향장소재의 국내 개발은 그 개발가치가 상당할 것으로 예상되고 의약분야에도 고효율 시스템을 적용시킨다면 큰 경제적 이익이 있을 것이다.

▶ **일시 및 장소:** 2005년 8월 24일 (수) 10:30, 국회 귀빈식당

▶ **주관:** 이영호 국회의원

▶ **참석 대상:** 한국조류학회 회방 부성민외 회원 10명, 국회 출입 기자단 50명

▶ **행사 개요:** 제1회부터 4회까지의 세미나 및 간담회는 주로 학계 교수진 정부 부처 관계자, 관련 전문가 등을 대상으로 학술연구 및 정부 협력 방안 강구 논의를 중심으로 개최되었다.

그러나 '이산화탄소 흡수원으로서의 해조류 지정'에 관한 대중적인 홍보와 인지가 미비하다는 의견에 따라 제5회 간담회에서는 국회 출입기자단을 초청하여 해조류가 이산화탄소 저감식물로서 얼마나 적합한지 알리는데 역점을 두었다.

▶ **주요내용 :**

> 기후변화협약의 정책적 대응을 위한 미세조류 CO_2저감 연구: 한양대학교 한명수 교수

- 한반도 주변의 해양, 갯벌 및 호소 생태계 내에서 미세조류의 이산화탄소 흡수기작의 과학적 이해
- 모의 생태계를 이용한 대가 중의 이산화탄소의 저감을 위한 다양한 조절기작과 고효율 CO_2 고정 미세조류의 탐색
- 고효율 고정 미세조류의 대량배양 공정개발 및 고부가 유용

물질 개발 연구

해조류를 이용한 친환경적이고 클린한 대규모 CO_2 제어시스템 연구: 충북대학교 김영환 교수, 인천대학교 한태준 교수

- 이산화탄소 제거에 가장 효율적인 해조류 선택을 위한 스크리닝 연구
- 해안 권역별 해조류 녹화 벨트 형성시 총 단소제거량 추정을 위한 Mesocosm 연구
- 인공위성을 이용 해조류 벨트 주변의 이산화탄소 제거 상황을 실시간 정보화하는 연구

연안역 통합 관리형 CO_2저감 연안역 벨트 조성 연구: 충북대학교 김영환 교수, 부산대학교 정익교 교수

- CO_2 저감 연안역 벨트(Coastal CO_2 Reduction Belt: CCRB)의 조성과 관리체제 구축
- CCRB를 CO_2 저감 방안의 하나로 국제적으로 인정받는 것
- 생태계기반 연안역관리(Ecosystem based Coastal Zone Management) 도입과 실행
- GIS를 이용한 자료의 수집과 관리 체제 구축

- 우리나라의 연안에서 조성된 인공 해조생태계의 해조숲이 이산화탄소를 저감하는 총량을 산출하여 기후변화 국제협의체에 협의할 수 있는 자료를 갖추어야 한다.

  덧붙여서 해조양식과 인공해조암초의 효율화로 이산화탄소의 저감방안에 대해 기술개발을 안정화시켜 이산화탄소의 저감 효율화로 지구 온난화의 저감 방안을 마련한다.

- 미이용해역의 해조숲을 확장하여 이산화탄소의 저감량을 증대시키는 것이 필요하다. 뿐만 아니라 해조양식 및 수확과 인공해조암초를 이용하여 효율적인 이산화탄소의 흡수 방안을 개발해 나가야 한다.

- 현 기술 상태의 취약성

  – 해조의 종류에 따른 이산화탄소의 흡수의 양에 대한 연구

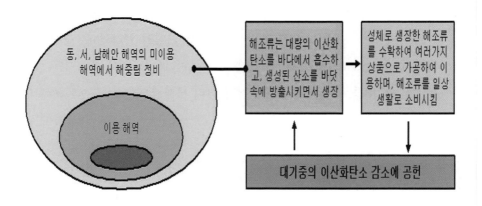

는 거의 이루어지지 않았다. 해조의 크기에 따라, 분류군, 생태형에 따라 그 차이 등에 대한 정보가 없다.

- 해조의 서식처는 매우 광범하다. 지리적으로 수심별로 다양하다. 이런 면에서 해조의 이산화탄소의 흡수량 파악이 어려운 점이 된다.

- 해조의 이산화탄소의 전공자 수가 매우 적다. 이는 바다식물의 생태를 이해하고 바다에서의 탄소의 순환과 식물에 있어서의 이산화탄소의 기작에 대한 정보가 극히 제한적이다.

기후변화협약의 정책적 대응을 위한 국제협력: 상명대학교 이진환 교수

• 미세조류와 대형해조류의 이산화탄소 흡수율을 파악하여, 기후변화협약에서 이산화탄소 흡수원으로서 해조류의 인정받기

위해 국제 협력 체제를 구축해야 한다.

- 해조류를 '이산화탄소 배출저감식물(방법)'으로 지정하게 위한 후속 검토 결과, 현재는 해조류가 교토의정서에서 이산화탄소 감축 방법으로 인정받고 있지 않으므로 해조류가 국제적으로 이산화탄소 감축 방법으로 인정받기 위해서는 "기후변화에 관한 정부간 협의체(IPCC; Intergovernmental Panel on Climate Change)에서 논의 되어야 하며, 이를 위해서는 해조류 생산국인 한·중·일이 공동으로 대응해야 할 것이며, 우선적으로 탄소 흡수량에 국내 해조류 생산 현황과 이산화 관한 정밀조사가 이루어져야 할 것이다.

제6회 일반국민 및 기자 간담회

▶ **일시 및 장소:** 2005년 9월 2일 (금) 16:00, 국회 귀빈식당

▶ 이영호 국회의원

▶ **참석대상:** 환경·생명 분야에 관심있는 일반인 50명, 국회 출입기자단 30명

▶ **행사 개요:** '이산화탄소 흡수원으로서의 해조류 지정'에 관한 대중적인 홍보와 인지가 미비하다는 의견에 따라 국회 출입기자단과 일반인을 대상으로 연구내용을 발표함으로써 해조류의 유익성을 알리는데 역점을 두었다.

▶ 주요 내용

지난 2월 16일 정부는 교토의정서 발효에 대비하여 지구온난화 문제에 대응하기 위한 국제적 노력에 적극 동참하고 온실가스 배출형 경제구조로의 전환을 위한 기반을 구축하며 기후변화가 국민생활에 미치는 부정적 영향을 최소화하기 위한 기반을 구축하며 기후변화가 국민생활에 미치는 부정적 영향을 최소화하기 위한 제3차 종합대책('05~'06)을 수립하였다.

이에 따라 의무부담에 대비한 대내·외 대응체계 구축사업, 교토의정서에 규정된 6대 온실가스 감축사업, 기후변화의 부정적

영향에 대비한 사업 등을 주요 추진과제로 정하고, 향후에도 실무조정회의 및 외부전문가 추진성과 평가를 정례화하고 평가결과, 국제동향 등을 토대로 매년 종합 대책을 수정·보완하며 부처별 관련 전문가 양성 및 조직보강을 추진하기로 하였다.

과학기술부: 한문희 에너지환경심의관

해조류가 국제적으로 이산화탄소 감축 방법으로 인정 받을 수 있도록 국내 해조류 생산현황과 이산화탄소 흡수량에 대한 정밀소자를 실시하고 해조류생산국인 한·중·일이 공동으로 대응하여 '기후변화에 관한 정부간 협의체(IPCC)'에서 논의되도록 추진할 계획이다.

산업자원부: 주봉현 자원정책심의관

정부는 기후협약과 관련한 우리나라의 에너지 정택의 방향으로 지속가능한 발전을 위한 저탄소 에너지시스템을 개발·확산하고 기후변화협약 이행기반을 구축하는데 중점을 두었다. 이를 위해 정부는 범정부 대택기구 및 산업계 업종별 대책반을 구성·운영하고 제 1~3차 기후변화협약 대응 종합대책을 수립·추진함으로써 온실가스 연평균 증가율을 5%대에서 3%대로 감소시킬 계호기을 갖고 있다.

해양수산부 :신평식 해양정책국장

2004년도 기준 해조류 양식어장은 총 2,277건에 69.348ha로

서 전체 해면양식면허 면적의 56.3%를 차지하고 있다. 전년도
와 비교하면 김, 미역은 어장면적이 감소하고 있고 전복 먹이인
다시마, 파래, 톳 등 기타 해조류는 어장개발 면적이 증가한 것
으로 나타났다.

김, 미역에 대하여는 안전생산을 도모하고 가격하락에 의한 어
업인들의 경영악화를 감안, 신규어장개발을 2003년부터 금지
하고 있다. 2004년도 해조류 생산량은 53만 7,000톤으로 총
양식 생산량(91만 8,000톤)의 58.5%이며 우리나라 총 수산물
생산량(2,519톤)의 21%를 차지한다.

▶ **일시 및 장소:** 2005년 11월 8일 (화) 10:30, 국회 의원회관 소회의실

▶ **주관:** 이영호 국회의원

▶ **참석 대상:** 한국 조류학회 회장 부성민외 회원 50명, LG 환경연구원 연구위원 방기연외 환경·생명 분야 전문가 30명, 국회 출입기자단 20명, 환경·생명 분야에 관심있는 일반인 60명

▶ **행사 개요:** 그동안 총 6회의 세미나 및 시식회를 정리하는 제7회 종합세미나가 개최되었다. 이날 세미나는 1부, 2부, 3부로 나뉘어진행되었는데 1부 순서에서는 상명대학교 이진환 교수가 '기후변화협약의 정책적 대응을 위한 국제협력'이라는 주제를 비롯하여, 한양대학교 한명수 '미세조류를 이용한 이산화탄소 저감기술 개발', 부산대학교 정익교 교수가 '해조류를 이용한 이산화탄소 제어시스템 개발' 등에 대해 연구 결과를 발표하였다.

2부 순서에서는 하상욱 포스코 상무, 방기연 LG환경연구원 연구위원, 신지웅 ENA테크놀로지 대표 등 관련분야 전문가들의 토론이 있었다. 특히 참석자글은 이날 해조류를 육지부 식물과 동일하게 환경오염저감식물로 국제적인 인증을 받을 수 있도록 하는 방안에 대래 심도 있는 논의를 펼쳤다

한편 세미나가 끝난 후 3부순서에서는 말라카이트 그림 검출 파문으로 소비가 격감, 업계의 어려움이 가중됨에 따라 송어 소

비증대를 위한 시식회가 개최되었다.

▶ 주제 발표

기후 변화협약의 정책적 대응을 위한 국제협력: 상명대학교
교수 이진환 교수

• 주요 국가별 기술개발 현황에 대하여 발표

(1) 미국

• CCTI(Climate Change Technology Initiative)
기후변화 대응기술의 개발 및 보급을 목표로 에너지 효율이 높
은 주택, 건물과 옥상형 태양에 너지시스템, 전기 및 연료전지

시스템, 전기하이브리드 자동차, 바이오매스, 재생에너지 발전
에 대한 세제지원 및 기술개발 추진

• CCRI(Climate Change Research Initiative)

기후 모델링 구축 및 이를 통한 광범위한 시공간 규모에서 지구
환경시스템의 자연적이고 인위적인 역동적 상태들과 변화 추이
에 대한 관찰, 예측 및 평가를 목표로 함

(2) 일본

• 에너지 절약기술의 보급확대: 광역 에너지활용 네트워크 시스
  템 기술개발

• 신재생 및 대체에너지의 개발: 석탄 청정화 기술 및 청정연료
  를 이용한 발전시스템 도입에 의한 온실가스 배출 저감을 목
  표로 기술개발 추진 및 비용보조 등의 각종 지원 제도 도입

• 환경관리 기술개발: 지구온난화 대응 기술개발을 위해 지구
  재생계획 프로그램 추진, 이산화탄소 분리 및 회수기술, 이산
  화탄소 저장기술, 이산화탄소 활용기술 등을 추진

(3) EU

• Energy Framework Programme: 청정에너지 이용기술 개발
  을 위한 CARNOT 프로그램 추진, 재생에너지의 사용촉진 및
  보급확대를 위한 ALTENER 프로그램과 에너지 이용효율 향
  상기술 개발을 위한 SAVE 프로그램 추진

• Non-Nuclear Energy Research Programme: 청정화석연료

관련 이산화탄소 분리 및 저장기술 개발 추진, 이산화탄소 배출원에 대한 분석 및 탄소거래제를 포함한 관련 시장의 투명성 제고방안 연구 이산화탄소 분리를 위한 AZEP 프로그램과 분리된 이산화탄소의 저장기술 개발을 위한 SACS 프로젝트 추진

미세조류를 이용한 이산화탄소 저감기술 개발: 한양대학교 한명수 교수

추진전략

해양, 하천, 호수 생태계 내에서 미세조류에 의한 CO_2 교환기작의 현상 규명

모의 생태계를 이용한 대기 중의 이산화탄소의 저감을 위한 다양한 조절기작과 고효율 CO_2 고정 미세조류의 탐색

고효율 CO_2 고정 미세조류의 대량배양 공정개발 및 고부가 유용물질 개발

이산화탄소저감 및 미세조류기원 고부가 물질생산

해조류를 이용한 이산화탄소 시스템 개발: 부산대학교 교수 정익교 교수

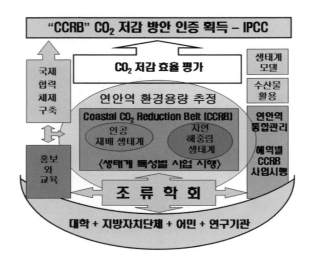

제8회 연구자 간담회

▶ **일시 및 장소:** 2006년 6월 26일(월) 12:00, 국회 귀빈식당

▶ **주관:** 이영호 국회의원

▶ **참석 대상:** 한국조류학회 회장 부성민 교수 외 환경 생명 전공 교수 13명, 조학행 해양수산부 수산정책국장 외 부처 관계자 8명, 이병욱 LG 환경연구원 원장 외 산업계 2명

▶ **행사 개요:** 해조류를 이산화탄소 흡수원으로 국제협약에서 인

중받을 수 있게 함으로써, 국제기후변화협약(UNFCCC)에 대한 국내산업의 유지 보호에 적극적으로 대비하고, 환경오염 저감방안에 따른 저감식물로서 새로운 가치 창출을 도모하고자 하였다. 2006년 6월부터 [해조류를 이용한 온실가스 저감 연구사업] 과제 시작과 함께 앞으로의 연구 과정에서 예상되는 여러 가지 문제점에 대한 전반적인 검토를 위해, 이경학, 신원태 박사의 현재 타 분야에서 진행되는 다양한 연구 경향을 청취하고 토의하였다.

▶ **주요 내용**

이경학 국립산림과학원 연구관

"토지이용 변화 및 임업에서의 온실가스 통계추정 방법" 발표에서 현재 산림을 중심으로 진행되는 CDM사업에서 여러 규정과 조사 방법에서의 문제점 등에 대해 소개하고, 국내에서 CDM 사업과 관련하여 확립되어야 할 여러 시스템적 요소에 대해 논의하였다.

신원태 해양수산부 사무관

"온실저감을 위한 해양정책"이란 발표를 통해 해양생태계에 대한 정부 차원의 다양한 대책과 이의 실행을 위한 여러 방법론적인 요소에 대해 소개하고, 장기 계획에 따른 조사사업과 해양생태계 CDM 전문가의 확보 등에 대해 언급하였다.

과제 참여자와 일반 토론자를 중심으로 다양한 질문과 산업계 연구자들과의 토의가 있었고, 각 부처 실무자들의 연구 진행 과정에서 예상되는 다양한 문제점에 대한 지적과 의견 제시가 있었다. 종합적으로 전체 세부과제 결과의 연계성 확보, 안정적인 기초 자료 획득 가능성에 대한 것과 CDM 사업 계획서 제출에 필요한 여러 요소들에 대해 토의가 진행되었다.

제9회 연구자 간담회

▶ **일시 및 장소:** 2006년 9월 28일(목) 10:00, 국회 귀빈식당
▶ **주관:** 이영호 국회의원
▶ **참석 대상:** 한국조류학회 회장 부성민 교수 외 환경 생명 전공 교수 17명, 김은경 지속가능발전위원회 비서관 외 부처 관계자 11명, 양준철 전문위원 외 국회전문위원 4명, 홍현종 GS 칼텍스(주) 전무 외 산업계 11명
▶ **행사 개요:** 2006년 6월부터 수행된 [해조류를 이용한 온실가스 저감 연구사업] 과제의 세부 분야별 연구목표와 진행 과정에 대한 검토와 문제점을 토의하고, 이후의 연구 진행을 위한 세부분야 간의 긴밀한 연계를 구축하며, CDM사업 추진에 있어 접하게 될 문제점들에 대한 해결책 수립을 위한 정부 부처 및 산업계 관계자와의 검토와 토의가 진행되었다.

▶ 논의 내용

"해조류를 이용한 온실가스 저감연구"의 발표에서 본 연구의
사업 배경에 대한 설명과 함께 각 세부과제의 개념과 추진 체
제, 방법론 등에 대해 설명하였다.

정재수 (주)에코아이 대표

본 연구사업과 관련한 CDM 방법론 개발에서 다뤄져야할 여러
개념과 수치, CDM 사업을 통한 온실가스 감축량의 계산 과정
에 대해 설명하고, 본 사업의 적용을 위해 고려해야 할 주요사
항들에 대해 설명하였다.

유동헌 에너지경제연구원 박사

"온실가스 저감 대안의 환경경제성 분석" 발표에서 본 과제에서
추진되는 CDM 사업을 통해 얻어질 환경 경제적 가치를 분석하
는 과정에 대해 자세히 설명하고, 이의 분석을 위한 효과분석
모형 개발과 국가 경제에 미치는 파급효과에 대해 언급하였다.

이진환 상명대학교 교수

이진환 상명대학교 교수는 "정책적 대응을 위한 국내외 협력망
구축" 과정에 대해 설명하고 앞으로 본 과제의 국제적 공조를
위한 협력체제 마련에 필요한 여러 가지 시스템 확립의 중요성

에 대해 역설하였다.

한국, 중국, 일본의 해조류학자의 공동 연구의 필요성은 3개국의 연안이 인접해 있고, 공통적으로 해조류 식생이 풍부하며 생산량이 중국, 일본, 한국이 각각 1, 2, 3위를 차지하고 있다.

해조류가 교토의정서에서 이산화탄소 감축방법으로 인정받기 위하여 국제협력은 IPCC(기후변화에 관한 정부간 협의체)에서 논의해야 하므로 한국, 중국, 일본의 해조류 학자는 국제 공동 연구를 통하여, 해조류 생산현황과 이산화탄소 흡수량을 정밀하게 조사하고, 이 결과를 외교통상부 등 기후변화협약 협상 대책반에 제공하여 3개국이 기후변화협약 당사자 회의에 공동 대응하여야 할 것이다.

지구 온난화에 대한 교육과 이해를 밑바탕으로 지구 환경을 살

리는 국제간 협력을 도출할 수 있으며, 국가간 이해관계를 전 지구적 타원에서 협조하고, 연안생태계의 기본 구조와 기능의 보존과 활용 측면에서 바람직한 타협 방안을 도출할 수 있다.

발표자들에 대한 정부 관계 부처 실무자들의 다양한 질문과 산업계 연구자들의 토의가 있었고, 종합적으로 각 세부과제의 연계성을 보완하는 문제와 CDM 사업에 대비한 세밀한 기초자료 확보 시스템의 설정에 대한 문제 제기와 토의가 있었고, 본 과제의 중요성에 대한 일반인의 인식 제고를 위한 홍보의 필요성도 제기되었다.

제10회 국제 심포지엄

▶ **일시 및 장소:** 2006년 10월 16(월)~19일(목), 국회 의원회관 대회의실

▶ **주관:** 이영호 국회의원

▶ **참석 대상:** 한국조류학회 회장 부성민 외 회원, 환경 생명 전공자 224명, 외국연구자 80명, 산업계 연구자 10명, 수산업계 관계자 45명

▶ **행사 개요:**

국제기후변화협약(UNFCCC) 발효에 따른 다양한 국내외 환경변화에 적극적으로 대비하고자, 각국에서는 많은 연구들이 이

뤄지고 있다.

이산화탄소 저장원으로 중요한 해양생태계의 구성원인 해조류
에 대한 연구 역시 일부 국가에 국한되지 않고, 다양한 배경의
여러 나라 연구자들에 의해 수행되고 있는데, "해조류를 통한
온실가스 저감의 국제적 공감대 형성"이라는 점에서 많은 연구
자들이 모인 본 국제 심포지움의 첫 번째 목적을 찾을 수 있고,
미래 시장과 잠재적 가치가 무한한 이 분야에 연구 역량을 모아
국제적으로 선도적인 위치를 확립하고자 계획되었다.

주제 강연에서 4편의 발표가 있었고, 주제별 Mini-symposium
8분야에서 45편의 연구가 소개되었으며, 포스터 분야에서 101
편이 소개되었다.

▶ 주요 내용

Dring 박사

"지구온난화 추세를 돌리는데 해조류의 역할의 중요성"이라는 발표에서 온실가스 저감에 해조류의 중요성을 언급하였다."온실가스 증가 환경에서 해조 개체군의 양상"에 대한 발표를 통해 환경변화에 따른 해조류의 변동양상을 설명하였다.

DeWreede박사

DeWreede박사는 "해조류의 생태학"이라는 발표를 통해 생태계에서 해조의 기능적 중요성에 대해 언급하고, 온실가스 저감을 위한 연구 활동의 중요성에 대해 강조하였다.

각 주제와 관련한 Mini-symposium 8개 분야에서는 더욱 자세한 내용들의 발표와 토의가 이어졌고, 포스터 분야에서는 발표 기간 내내 개별 토의와 활발한 논의가 진행되었다.

이상의 발표과정과 함께 아시아 태평양 11개국 서명 국제협력 5개 항의 양해각서 체결, 해조류를 통한 온실가스 연구사업의 취지를 대내외에 고양시키는 등의 성과가 있었고, 국제적으로는 기후변화협약 및 교토의정서 발효에 대응하기 위하여 해조류 자원으로 CDM 개발을 선도하는 국가로 대한민국의 위상을 정립하는 효과를 가져왔다.

제11회 세미나

▶ **일시 및 장소:** 2007년 2월 27일(화) 10:30, 국회 의원회관 소회의실

▶ **주관:** 이영호 국회의원

▶ **참석 대상:** 한국조류학회 회장 부성민 교수 외 환경 생명 전공 교수 17명, 김은경 지속가능발전위원회 비서관 외 부처 관계자 13명, 양준철 전문위원 외 국회전문위원 4명, 홍현종 GS 칼텍스(주) 전무 외 산업계 12명

▶ **행사 개요:** 2006년 6월부터 수행된 [해조류를 이용한 온실가스 저감 연구사업] 과제는 동년 10월 개최된 국제 심포지엄을 통해 국

내외의 관심을 끌어내는데 커다란 성과를 올렸고, 1차년도 연구의 마무리 단계에 접어들고 있다. 이상의 과정에 대한 중간검토와 CDM사업에 대한 다른 연구 분야의 동향도 동시에 파악하고자 개최되었다.

▶ **주요 내용:**

• 우리나라 연안 해조숲의 규모와 그 기능에 대하여 설명

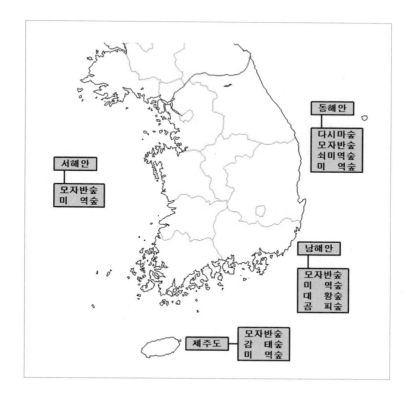

- 우리나라 연안에 따른 해조숲의 조성, 해조숲의 기능에 따른 생물량의 변화
- 연안의 규모 및 해조숲의 종류별 면적 산출

정익교 부산대학교 교수

"해조류를 이용한 온실가스 저감연구"의 발표에서 연구사업단 전반의 연구 개요와 진행상황에 대해 설명하고, 이전 자문회의에서 토의되었던 내용에 대한 해결방안 등에 대해 설명, 향후 목표하고 있는 CDM사업의 개요와 이의 인증 절차에 대한 계획을 설명하였다.

박상도 이산화탄소 저감 및 처리기술개발 사업단장

"이산화탄소 저감 및 처리기술 개발 현황"에 대한 전반적인 개요와 CCS로 약칭하는 이산화탄소 격리, 저장 기술에 대해 국제 연구 동향과 국내 기술 수준과 장기 전망에 대해 설명하였다. 많은 기술 개발 시도들이 계속되고 있고, 특히 대규모 CO_2 저감분야에 적용함으로써 혁신적인 배출량 감소와 현실적 대안이 될 수 있다는 점을 역설하였다.

정재호 포스코 경영연구소 연구원

"CDM 시장 소개"라는 발표를 통해 향후 CDM 사업을 통해 형성될 배출권과 크레딧 시장에서 대상 가스의 종류와 사업 분야에 대한 개요와 각 요소에 대한 주요 고려사항 등에 대해 설명

하고, 국내에서도 선도적인 기술개발과 적극적인 대처를 통해
미래 시장의 선점에 관심을 기울여야한다고 역설하였다.

발표자들에 대한 정부 관계 부처 실무자들의 다양한 질문과 산
업계 연구자들의 토의가 있었고, 종합적으로 CDM 사업에 대한
로드맵에 따른 착실한 대비가 중요하다는 결론을 도출하였다.
이후, 세미나 전후에 다양한 개별 토의가 이루어졌다

▶ **일시 및 장소:** 2007년 8월 28일(화) 10:30, 부산대학교 상남국
제회관

▶ **주관:** 이영호 국회의원

▶ **참석 대상:** 부산대학교 정익교 교수 외 해양환경 교수 10명, 국
립산림과학원 이경학 박사, 부산대학교 학부 석·박사 과정 학
생 100여명

▶ **행사 개요:** 최근 국내에 자생하는 해조류가 열대우림보다 5배
이상의 이산화탄소 흡수 능력이 있는 것으로 밝혀졌다. 우리나
라는 세계 3위의 해조류 생산국인데다 육상보다 재배가능 면적
이 넓어 해조류 재배가 온실가스 감축을 위한 새로운 가능성으
로 떠오르고 있다.

해조류를 이산화탄소 흡수원으로 국제협약에서 인증받을 수 있
게 함으로써 국제기후변화협약에 대한 국내산업의 유지보호에
적극적으로 대비하고, 환경오염 저감방안에 따른 저감 식물로
서 새로운 가치 창출을 도모할 수 있도록 학계에 관심 고취

▶ **주요 내용 :**

이영호 국회의원

온실가스 흡수원으로서 해조류의 역할 이외에도 최근 관심이 증
가하는 바이오연료와 관련한 다양한 접근도 적극적으로 고려

되어야 한다고 의견을 제시하였다.

"해조류를 이용한 국내 연안의 최대 이산화탄소 저감 잠재량은 연간 147~300만톤정도라며, 국내 뿐만아니라 해외 기후변화협약의 청정개발체제(CDM)사업을 통해 저감 규모를 더 늘릴 수 있어 잠재성이 무한하다"고 밝혔다.

해조류가 이산화탄소 저감식물로서 국제적인 공인을 받게 된다면 이산화탄소 배출량 감소의 직접혜택과 함께 해중림 조성을 통한 어족자원 증대로 수산업과 양식산업 등에 대한 경제적 파급효과도 클 것으로 기대된다.

국립산림과학원 이경학 박사

산림분야 CDM사업 관련 현황을 소개

부산대학교 정익교 교수

해양관련 CO_2 저감 방안 연구 개발의 필요성과 선택 배경과 추진과제 설명

- 해양은 CO_2의 중요한 저장소이며 해양-대기-토양 사이의 상호작용 등에 의해 대기중 CO2의 농도가 결정되고, 이에 따라 저장소간의 flux가 변동되기 때문에 거대한 저장소의 하나인 해양은 CO_2 저감방안을 실행하는 필수적인 장소임
- 연안역은 육역과 해양역 사이에서 상호작용이 진행되는 장소이며, 탄소의 순환 연구에 중요한 장소로서 이 영역을 온실가스 저감과 저장 방안을 실제로 적용하는 곳으로 설정하는 것은

당연하며, 연안역 통합 관리(Integrated Coastal Zone Management; ICZM 혹은 ICM)에 따라 시행하는 것이 바람직함.

• 기존의 자연 해중림 보존과 복원 사업, 인공 생태계(양식장 포함) 조성 사업 등을 모두 묶어 "CO_2 저감 연안역 벨트(Coastal CO_2 Reduction Belt: CCRB)" 체제로 전환하여 연안역을 종합하여 관리하는 것이 지속 가능한 측면에서 바람직함.

• 앞으로의 전망
  – CCRB와 연안역 통합 관리를 통한 합리적인 연안 수자원 관리가 가능함
  – 연안역 통합 관리로 지속가능한 개발을 이룰 수 있음

- CCRB에서 기초 자료를 확보하여 GIS에 활용할 수 있음
- CCRB에서 개발한 생태계 모델을 이용한 예측 실험으로 시행착오를 피할 수 있음
• 산업체 참여시기와 방법
  - CCRB사업 수행은 처음부터 해당 지방자치단체나 생계형 양식 어민들의 자발적인 참여를 전제로 수행되어야 함
  - CCRB에 대한 산업체의 참여는 철저한 사전 조사와 사후 평가를 전제로 참여 가능
  - 해양수산부에서 정책적으로 시행하고 있는 자율관리어업 제도와 연계하여 시행

| 주작산 황칠나무 숲

사람을 살리는 농업

농어업은 식량·생명산업이다

생명과 환경을 존중하여야 농업과 농촌, 산림과 산촌, 어업과 어촌을 지킬 수 있다. 이러한 자연에 대한 생각이 정부뿐만 아니라 농업인과 소비자가 모두 함께 동참할 수 있을 때 농업과 농어촌은 그 고유의 가치로 지킬 수 있다고 본다.

요즈음 각급 지자체마다 중앙정부와 함께 귀농·귀촌을 홍보하는데 수많은 혈세를 쓰고 있다. 우리 농어업이 희망적이고 농어촌이 살기 좋은 곳이라고 인식된다면, 정부나 지자체들이 귀농·귀촌을 권장하고 홍보할 필요도 없을 것이다. 그러나 우리 농업과 농촌, 어업과 어촌, 산림과 산촌은 도시민과 젊은이들을 불러오기에는 아직도 많은 부분에서 미흡한 부분이 많다. 농어업에 대한 패러다임을 바꾼다면 가능성은 얼마든지 열려있다고 생각한다.

늘 강조하는 바이지만, 농어업과 농어촌의 문제는 전체적인 시스템

차원에서 사고하고 대책을 세워야 하는데, 지금까지의 농어업정책은
단발성이며 답습적이다. 또한, 정부차원에서 확고한 농어업에 대한 비
전을 수립하고 중·단기 정책을 체계적으로 추진해 나가야 하는데, 관
련부처의 업무계획서나 보고서를 보면 날짜와 숫자만 바꾸면 수십 년
전과 대동소이한 것을 비추어 볼 때 매우 답답한 심정이다.

농어업과 농어촌의 예산규모를 볼 때 투자하는 예산이 결코 적지
않다. 그럼에도 불구하고 효율성을 발휘하지 못하고 있음은 매우 안
타까운 일이다. 예를 들면, 농어촌의 문화관광에 대한 정책을 입안하
면 농어촌과 전혀 어울리지 않는 거대한 건물부터 짓고, 토목공사부터
시행한다. 농어촌 환경개선에 대한 예산이 수립되면 아름다운 돌담길
을 허물고 시멘트 담장을 세우고, 멀쩡한 시멘트 포장도로는 시커먼
아스팔트를 깐다.

농어촌 관광이나 농작물 홍보를 명분으로 지자체장들이 TV광고에

출연하고 도시 광고판을 점령한다. 지자체가 드라마에 수십억씩 협찬하여 세트장을 지으면, 일시적으로 몰리는 관광객들에 의해서 농토는 주차장으로 초토화 된다. 해마다 군민의 날, 면민의 날, ○○축제는 대동소이한 레퍼토리로 짜여 비슷비슷한 풍물시장이 차려진다.

시끌벅적한 축제와 행사가 과연 농업과 농어촌 발전에 얼마나 기여하는지, 적지 않은 농어업과 농어촌에 대한 예산이 식량·생명산업에 제대로 쓰여 지고 있는지 눈여겨봐야 할 것이다.

.

자연 에너지 생명농업

생명의 모습은 서로 다양한 관계를 맺으며 살고 있다. 숲과 논밭에서 스스로 자란 작물들을 보면, 자신이 난 자리에서 좁으면 좁은 대로 넓으면 넓은 대로 가지와 잎을 펼치고 서로 나누어 가진다. 햇빛이 좋으면 가지를 넓게 벌리고 햇빛이 부족하면 키를 키우고, 때로는 다른 나무를 지주 삼아 올라간다. 그렇게 식물들은 햇빛, 바람과 물을 따라서 살아간다. 그래서 자연에서 키운 과일, 채소는 크기와 모양이 각기 다르다.

그런데 어느 때부터인가 판매대에 진열된 가지, 오이, 고추가 휘어지거나 크기가 다른 것을 보기 힘들다. 자연이 자연스럽지 않고 마치 공산품처럼 크기, 모양, 색깔들이 일정하다. 휘어지지 않도록 케이스에 넣어 재배하니 마치 공산품처럼 규격화되고 흐트러짐이 없다. 이렇게 규격화되어야만 포장과 유통이 편리해서 비싼 값에 팔리니 어쩔 수 없다고 한다.

농부가 제대로 된 먹거리를 생산해 내는 것보다는 빛깔이 좋고 규격이 일정하도록 만들어 모양내기에만 관심을 기울이게 된다면 우리 인류는 머지않아 각종 병고에 시달릴 수밖에 없을 것이다.

현대를 사는 우리는 기후위기를 걱정하기만 해서는 안 된다. 이 시대에 새롭게 농업을 시작하는 농부라면, 한국의 농업기반을 자연에너지 생명농업으로 재구축할 각오를 해야 한다. 자본주의의 제도화된 탐욕으로 농부가 농부의 마음을 잃어가는 모습이 두렵다.

경제성·상품성이라는 미명하에 제철을 잃어버린 농산물들이 사시사철 생산된다.

기계화, 규격화, 대량생산에 집중하다 보니 생명력은 죽어가고 공산품 같은 농작물들이 판을 치고 있다. 이러한 농사방식은 결국 에너지 투입을 필요로 하게 되어 있어 엔트로피의 증가를 가져오게 된다.

이렇듯 농업자체가 오히려 환경을 오염시키고 이를 해결하기 위해 새로운 에너지를 필요로 한다면 경제논리로는 농업의 다원적 가치를 설명할 방법이 없다.

농작물과 잡초를 함께 키워야 한다

토양에 옷을 입힌다면 가장 어울리는 색은 무엇일까? 그야 물론 녹색이 가장 잘 어울리는 색이다. 왜냐하면 그것이 자연색이니까. 그런데 현재 농촌의 많은 토양들이 완전히 녹색 옷을 벗어버린 원래의 '흙색'이거나 검정색 흰색의 비닐로 덮여 있다.

이는 자신이 기르고자 하는 농작물 외에는 다른 잡초들은 살지 못하도록 제초제를 하거나 비닐로 덮어 버린 모습인 것이다.

작물과 잡초를 함께 키워야 땅이 숨을 쉬고 건강하게 살 수 있다. 살아 있는 땅에서 자란 농작물이 사람의 몸에 들어갔을 때 영양분이 되고 면역력이 있지, 죽은 땅에서 자란 농작물은 결코 그 역할을 할 수 없는 것은 자명한 이치다.

논밭에 작물만 있고 맨흙이 드러나 있을 경우 햇빛은 땅을 메마르게 하지만, 흙이 풀로 덮여 있다면 햇빛은 땅을 건조하게 하는 대신 풀을 기르게 되고, 그 풀은 별도의 비료를 하지 않아도 땅의 거름이 되는데, 과도한 농약을 살포하고 지나친 화학비료를 투입하여 생산한 농산물을 유통과정에서 약품처리하고 운송 보관하여 공급된 것을 사람과 가축이 먹는다면 이것은 결국 모든 생명들을 파멸로 몰고 가고 말

것이다.

지구 한쪽에서는 물질문명의 발달로 옥수수에서 연료를 채취한다며 유전자변형 곡류를 생산해 내고, 지구의 다른 한편에서는 공업용 재료를 식용으로 둔갑시켜 유통시키는 일이 비일비재하고 있다.

소득수준의 향상과 더불어 육류소비 증가로 동물사육에 필요한 사료를 생산하고 , 일부에서는 식량이 자동차 연료로 대체되고 있다. 한편으로는 세계적인 기상이변으로 지진, 해일, 홍수, 가뭄, 폭염 등이 지구촌 곳곳에서 일어나고 있다.

알베르트 슈바이처 박사는 "이 세상의 미래는 무엇보다 자기가 있는 곳에서 다른 이들에게 진정한 인간미를 전해주도록 애쓰는 것에 달려 있다."고 충고한다. 인간에게서 나온 모든 것은 결국에는 인간에게 되돌아갈 것이고, 오늘 인간이 뿌리는 씨앗이 내일 행복으로 수확되는 것은 아니지만, 오늘을 사는 인간들의 어리석음으로 인

하여 다음 세대들을 파멸로 몰 수 있다는 점을 유념해야 하기 때문에 오늘을 사는 우리는 미래 세대들이 살 수 있는 환경을 물려줄 수 있도록 노력해야 한다는 것이다.

그동안 생산 제일주의를 부르짖는 경제법칙이나 수익창출을 최우선 가치로 하고, 효율성이란 이름으로 자행된 수많은 분별력 없는 과학이 오히려 재앙이 되어 우리에게 돌아올 수 있다는 점도 명심하여야 한다. 또한, 물질적인 소비재를 통해 행복해지려는 경향은 안정과 평화를 위한 해결책을 제공하지 못한다는 것을 우리는 안다.

자연이 주는 가르침을 소중하게 여기고 자연을 존중하는 농업을 추구하는 것이 사람을 살리는 농업이며, 우리 농업과 농촌을 살리는 길임을 잊지 말아야 한다.

뭇 생명이 깃들어 살 수 있는 논

예전에는 다양한 생명들이 자신만의 방식으로 논에 깃들어 살아왔다. 논은 우리가 먹는 쌀을 생산하는 농토지만, 많은 생물들의 중요한 삶터인 습지인 것이다.

가을 추수가 끝나면 떨어진 나락으로 날아드는 참새 떼들과 먼 길을 이동하다 쉬어가는 기러기와 황조롱이 같은 철새들에게는 낙원이다. 논 주변에 사는 포유류, 논물에 알을 낳는 개구리와 두꺼비 같은 양서류, 가재, 긴 꼬리 투구새우, 물 달팽이, 물벼룩과 소금쟁이, 잠자리 애벌레 등 논에 기대어 사는 뭇 생명들이 있다. 그래서 논 주변은 늘

시끄럽기 마련이었다. 그런데 최근 들어 논 주변에 가도 너무나 조용
하다. 화학비료나 농약을 썼다는 증거다.

　벗짚을 소먹이로 쓰려고 감아 놓은 공룡알이라 불리는 곤포 사일리
지, 봄이면 논 중간 중간에 쌓여 있는 비료 더미, 제초제를 맞아 사시
사철 누런색을 띠는 논둑, 수시로 떠다니며 농약을 흩뿌리는 드론이
있는 풍경 속에서 깃들어 살던 생명들은 자취를 감추고 그나마 살아
가는 식물들은 비료와 여러 가지 병해충 및 농약을 견디며 살아내고
있는 것이다.

　우리 삶은 늘 선택의 연속이다. 별 생각 없이 한 작은 선택이 모여
우리의 삶의 모습을 결정한다. 온갖 비료와 농약 속에서 생산된 쌀을
먹을 것인가, 아니면 뭇 생명들이 깃들어 함께 살아가는 시끄러운 논
에서 생명의 에너지가 깃든 쌀을 먹을 것인가를 선택할 수 있어야 한

다. 또한 소비자는 마땅하게 그 가치를 인정해 주어야만 땅이 살고 생명을 살리는 농업이 될 수 있을 것이다.

> Q. 밥 한 공기(100g)에 1,000원은 돼야 한다.
>
> 80Kg(80,000g) ÷ 100g = 800공기
>
> 800 공기 × 1,000원 = 800,000원

생산이력제 실시

최근 국제 농수축산업계의 화두는 '안전한 먹거리'에 있다. 광우병 (BSE), 무등록 농약 및 화학비료의 사용, 유전자조작식품 사용, 식품의 위장 표시 등으로 소비 위축은 물론, 소비자 불안이 증가하고 있어 전 세계적으로 농수축산물 생산이력제의 중요성이 강조되고 있으며, 국가간 분쟁의 소지가 있는 관세장벽 보다 무관세장벽으로 자국산 농수축산물 보호에 활용하고 있다.

국내에서는 참살이에 대한 소비자들의 관심 증대로 식품의 중요성에 대한 인식이 그 어느 때보다 크다. 소비자들은 원산지나 재배방법, 유통·가공과정 등 생산 정보를 직접 확인하여 보다 나은 식품을 선택할 수 있기를 바라고 생산자들은 자신이 출하한 우수 상품을 직접 소

비자와 유통업체에 알려 더 많은 이익을 창출하기를 원한다.

국제적으로도 광우병과 구제역 파동 이후 축산물을 중심으로 생산이력제를 도입하고 있으며, 점차 일반 농산물로 확대되는 추세에 있다.

생산이력제가 정착된다면 소비자가 농산물 및 가공품에 대한 생산자 등의 정보를 직접 확인할 수 있어 소비자·생산자 상호간의 신뢰 향상, 식품의 국제 경쟁력 제고에도 도움이 되며 또한 안전성에 문제가 있는 농산물 등을 단계별 정보 역추적을 통해 신속하게 회수하여 사고 원인을 규명, 피해가 확산되는 것을 방지할 수 있어 소비자는 물론 생산자에게도 도움이 될 것이다.

이제 농수축산물은 거의 완전 수입개방 되었다고 해도 과언이 아니다. 따라서 소비자가 믿고 찾을 수 있는 우리 농산물의 경쟁력을 확보하는 수단으로 생산이력제 도입은 불가피한 시대적 요구이다. 그러므로 농수축산물 생산이력제는 대외적으로 시장 개방의 압력이 확대되는 상황에서 국내 농산물의 소비 촉진을 위해서도 반드시 필요한 제도이다. 이는 수입농산물과 차별화 할 수 있는 충분한 대안이 될 수 있기 때문이다.

그러나 농수축산물 생산이력제가 완전히 정착되기까지는 해결해야 할 문제가 많다. 농촌 인구의 감소와 노령화로 인한 생산과정을 일일이 기록으로 남기는데 대한 농어업인들의 거부감도 그 중 하나다.

농수축산물의 생산과정을 투명하게 공개해 상대적으로 공개가 어려운 외국산 수입 농산물과의 차별화 정책을 시도하는 것이 최선의 방

책일 것이다. 소비자들에게 식품 안전성에 관한 신뢰를 구축하여 가격
은 높지만 믿을 수 있는 우리 상품의 소비를 확산시켜야 우리 농업이
경쟁력을 갖게 될 것이다.

농업 경쟁력과 농촌 생존력

농어업·농어촌이 발전해야 진정한 선진국

일찍이 노벨 경제학상을 수상한 쿠즈네츠(S. Kuznets)는 각국의 경제 발전사를 비교 연구한 결과, 후진국이 공업 발전을 통해 중진국까지는 도약할 수 있으나, 농업·농촌의 발전 없이는 선진국에 도달하기 어렵다는 것을 실증적으로 증명하였다.

농어업이 선진화되지 않고 선진국으로 발전한 사례가 없으며, 독일과 스위스를 비롯한 대부분의 선진국이 식량공급 이외에 국토보전 등 농업의 다원적 기능을 중시하는 정책과 함께 전통문화의 보전을 도모하는 농정을 병행하여 추진하고 있는 것으로 나타났다.

인류 문명의 힘과 영속성은 한줌의 비옥한 토양에서 태어나 번영한 것이다. 이러한 사실을 잊는다면 곧 비참한 종말을 맞이하게 될 것이다. 우리는 우리 땅이 주는 생명의 가치를 소중하게 여기며 풍요로운 전원을 가꾸고 보전할 수 있는 방법을 연구하고 배워야 할 것이다.

    반면, 농어업의 중요성을 간과하고 농어업을 소홀히 한 결과 전반
적인 국가수준을 떨어뜨린 사례도 많다. 이집트, 이란, 그리스, 루마니
아, 브라질 등 과거에 농업국가로 명성이 자자했던 나라들이 산업발전
을 위해 농업을 희생한 결과가 얼마나 위험한 것인지를 보여주고 있다.

    우리는 자연이 준 자원과 삶의 환경을 우리 사회 시스템이 관리할
수 있도록 역량을 키워야 한다. 과거 자신의 땅과 조화롭고 슬기롭게
지내는 방법을 터득한 사람들이 번영과 평화를 누렸다는 것은 역사가
너무도 잘 보여 주고 있다. 그러나 이집트가 나일강의 비옥함을 버리
고, 이란이 농업대신 석유를 택하였던 것처럼 자신의 뿌리를 잊고 황폐
화를 서슴지 않는 순간 정신생리학적 균형뿐만 아니라 동시에 사회의
안정도 깨지는 것이다.

6차 산업으로 진화하는 농어업

예전에 스위스, 스페인, 미국의 농가들을 방문한 적이 있다. 자연환경과 어울리면서도 편리한 집에 창가마다 화분을 기르는 여유를 가지고 산다. 주변 환경은 깨끗하고 농업인들은 여유 있었으며 삶의 질은 높았다.

일례로, 포도농사를 짓는 경우 포도밭에서 포도를 바로 팔기도 하지만 포도주 양조장(winery)을 운영한다. 또 이와 어울리는 레스토랑까지 겸비하는 체계를 갖추었다. 물론, 포도밭은 농약을 전혀 사용하지 않고 유기농으로 지으며, 주위 환경과 어울리게 조경까지 하여 많은 관광객이 찾아와 아름다운 환경을 조망하면서 향긋한 포도주를 음미하는 여유롭고 낭만적인 시간을 즐기다 간다.

이러한 농어업과 농어촌의 행태는 시스템적사고의 결과물이다. 최근 들어 이러한 산업 행태를 6차 산업이라고 한다. 일반적으로 농어업을 작물이나 가축을 생산하는 1차 산업으로 분류하고 있으나 농산물을 제조·가공하고 농업토목, 농업기계, 비료와 농약을 생산하는 2차 산업과 3차 산업으로 분류되는 농산물의 유통 서비스와 농촌 관광 상품, 교육, 향토음식산업 등을 포괄하여 6차(1차+2차+3차)산업으로 진화하는 추세이다.

이러한 개념은 1990년 대 후반 일본에서 처음으로 소개되었는데, 학계에서도 유전공학이나, 생물공학과 같은 첨단학문들이 동물과 식물 그리고 미생물을 이용하여 각종 유용물질을 산업적으로 생산하는 최첨단 생물공학이 발전하고 있어 이를 수용하는 학자들이 늘고 있다.

실재 우리나라에서도 CEO형 농부들은 농사만 짓는 것에 만족하지 않고 개발이익까지 챙긴다.

우리나라에서도 전문 지식과 경영마인드로 무장하여 농촌의 변화를 이끌고 있는 젊은이 들이 있다. 쌈 하나로 100억 원대 매출을 올리는 농부가 있는가 하면, 경남 거제의 한어업인은 코로나 이후 급격히 변화된 식품산업에서 밀 키트(meal-kit) 사업으로 200억 원대의 매출을 달성하였다.

이렇듯 단순히 작물을 재배하는 것에 만족하지 않고, 가공·생산·유통을 통해 부가가치를 높이는 농어업을 추구하는 것이 우리 농어업이 지향해야 할 점은 분명하다. 그런데 이들이 농사나 어업을 직접 하면서 가공·유통사업과 체험학습 등을 병행할 수 있는 인력을 조달하고 여건을 갖출 수 있을 것인가 하는 의문점이 있다.

현재 농어촌에는 외국인 노동자가 아니면 인력을 조달할 수 있는 여건이 안 되는 실정이고 귀농한 청년들이 가공·유통에만 주력하고 있는 경우가 많다는 점도 간과해서는 안 될 것이다.

Q. 외국인 노동자들에게 자국의 현실에 맞는 급여와 국가별 협상에 의한 정책 및 보험 등에 관한 특별법 제정이 필요하다.

| 발간일자(2006. 9)

농어업직불금과 자조금

필자는 현재 우리나라 농업도 안정적인 소득체계를 갖추기 위해서는 국제적인 기준에 의한 허용 가능한 보조금으로 제한 받지 않도록 안정적으로 시행되어야 한다는 차원에서 직불금과 자조금 제도를 최초로 제안하고 주도적으로 추진하여 관련부처와 협의 노무현 대통령님의 재가에 의해 2005년부터 실시되었다.

이는 해남어촌지도소장으로 재직 당시, 물김 위판을 하면서 품질이 낮은 김 생산을 억제하고 가격하락을 하더라도 좋은 김을 생산하기 위하여 해남수협(박한진 조합장)에서 받은 수수료에서 1%를 적립하고 해남군에서 적립된 금액만큼 보조하게 하고, 특별보조금을 해양수산

부로부터 확보하여 김양식 어업인들에게는 일정 수준이하의 품질과 가격 하락 시 폐기처분토록 하였다. 폐기 처리된 물김에 대하여는 해남군 수협과 해남군에서 적립한 금액으로 양식어업인들에 보전하여 성과를 보았었다.

이를 기초로 국회의원이 된 후, 농어업인의 소득이 국민소득 평균이상이 되어야만 지속가능한 농수산업이 유지될 수 있고, 농사만 지어도 국민평균소득 이상으로 잘 살 수 있다는 필자의 제안에, 당시 박홍수 농림부 장관과 협의 후 이를 노무현 대통령께 건의하였고, 제안 설명을 들은 대통령님께서 관계장관(당시 한덕수 부총리 겸 재정경제부 장관)회의를 거치고 승인해 주어 전격적으로 시행하게 된 것이다.

도시민과의 소득 균형성, 소득의 안정성, 소득의 성장성을 제고하기 위한 방안으로 직불제의 확대와 농업 취업기회 창출이 요구된다. 이

와 함께 농어업재해 보험에 대한 재검토로 농업재해대책법에 대한 전면
적인 개정이 요구된다.

Q. 농어업재해보험 전면 재검토 필요

태풍·해일도 양식피해기준 적용

농어업재해대책법 개정안 국회통과

재해를 입은 어업인 등에 대한 실질적 지원책을 담은 '농어업재해대책법중개정법률안'이 지난 2일 국회를 통과했다.

개정된 농어업재해대책법의 주요내용은 그동안 지원대상에서 제외됐던 태풍·해일에 의한 수산양식물의 피해도 지원받을 수 있도록 하기 위해 지원요건인 '이상조류 또는 적조현상으로 인한 수산양식물의 피해'를 '어업재해로 인한 수산양식물의 피해'로 개정 자연재해대책법과 일치

하도록 함으로써 재해를 입은 어업인 등의 지원에 만전을 기했

다.

이법은 이영호 의원(열린우리당 강진·완도)이 지난해 8월 19일 대표발의했다.

| 어민신문(2005. 3. 7)

소농일수록 자연농법을

　예전에는 식량증산정책의 일환으로 비료, 농약 등 고 투입·고 산출 농법을 수행하고 있었으나, 갈수록 자연농업으로 전환을 요구되는 추세에 비추어 볼 때 여전히 비료, 농약의 투입량은 높은 수준이다. 농약과 화학비료의 과·오용은 농업 생산 환경을 여지없이 파괴할 뿐 아니라, 생산물의 안전성 및 보건 상 심각한 문제를 빚고 있다.　확산되고 있는 자연농법이나 유기농업운동은 이러한 근대 농법이 지닌 자기 모순과 파괴적인 구조에 대한 경종이자 자연생태계의 원리에 부합하는 농업을 추진하려는 것이다.

　이러한 배경에서 최근 생태계를 중시하는 농업관련 서적이 많이 출판되고 있거니와, 윤작체계에 대한 재인식, 천적의 이용과 미생물의 응용 등이 주목을 받고 있다. 또한 농촌진흥청등에서도 유기농 농업과 친환경농법을 위한 미생물활용 등에 대하여 적극적인 지도활동을 전개하고 있는 것으로 알고 있다. 이에 대하여 농업인들도 적극적으로 동참해야만 한다. 우선은 농약과 화학비료를 사용하는 것이 효과가 빠르고 쉽겠지만 농업경쟁력을 악화시키고 시대를 역행하는 결과가 될 것임을 인식해야 한다.

　노자의 도덕경에 "상선(上善)은 물과 같다"라는 말이 있다. 물의 본질적인 작용은 무기의 세계와 유기의 세계를 연결하는 것이다. 즉 무기체와 생명체를 연결하는 모든 분야에서 물은 필요 불가결하다. 수질에 의해서도 뿌리의 활성, 양분의 용출과 흡수, 병충해의 발생과 억제 그리고 환경적응성 등과 깊이 연관되어 있음을 이해해야 할 상황에서 무분별한 농약과 화학비료 사용은 물론 무조건적인 퇴비사용이 친환경농법은 아니라는 것 또한 제고되어야 할 사항이다.

발효퇴비(아미노산 질소 및 당질 등이 존재)가 아닌 썩힌(부패)퇴비를 농작물에 사용해서는 안 된다. 부패된 퇴비는 토양의 부식 증대효율이 높지 않을 뿐 아니라 조금 남은 질소분도 주로 무기타(화학비료와 같은 것)로 존재하고, 인산칼슘 등 무기질은 불용화(不溶化)상태이기 때문에 식물에 잘 흡수되지 않고 흙을 딱딱하게 하는 결함이 있다. 그 밖에도 유기물이 부패부숙 과정에서 발생하는 메탄, 황화수소 등은 식물의 생장에 장해가 될 뿐 아니라 메탄은 지구온난화의 원인물질이기도 하다.

모든 유기물은 발효, 퇴비(액비)화하여 논밭으로 돌려야만 환경보호와 더불어 토양을 살릴 수 있다. 농작물의 잎, 줄기, 잡초, 볏짚, 쌀겨 등과 가축분뇨, 생선뼈와 내장, 음식물 등 생 쓰레기는 발효시켜 논밭으로 돌리면 문제가 많은 화학비료도 필요 없어지고 병충해방제와 함께 빠른 시일 내에 토양을 비옥화 할 수 있다. 유기물이 발효되면 독특한 향취가 나는 반면 부패되면 악취나 역겨운 냄새를 풍긴다.

토양이 부패하면 병충해가 다발한다. 부패균이 있는 논밭에서도 활성산소가 많이 생겨나게 되어 있다. 생퇴비를 시용해보면 이내 악취를 풍기면서 부패할 뿐 아니라 구더기는 물론 온갖 병해충을 불러들인다. 유용미생물은 모든 물질을 발효하고 정균 및 합성하는 능력이 있다. 이들 미생물이 산화를 억제하는 물질을 생성하기 때문이다. 즉 유기물을 발효 분해하면서 항산화물질을 생성하므로 그런 논, 밭에서는 병충해가 생기지 않거나 감소한다. 2~3년간 유용미생물과 발효퇴비를 철저하게 시용한 논밭에 농기구등을 꽂아두어도 쉽게 녹슬지 않는다. 그런 논밭은 유해한 가스나 활성산소가 발생하지 않기 때문에 일을 해도 피곤하지 않고 상쾌하다. 나아가 그곳에서 작업하는 이도 건강해진다.

토양자체의 땅심이 강화되면 병충해는 확실히 줄어든다. 토양의 통기성, 물 빠짐, 보습성을 개선시키고, 유용미생물을 많게 하는 것이 선결과제이다. 탄소질과 질소질의 균형을 맞춰 가며 유기물을 발효시비하고 양질의 유, 무기질(쌀겨, 유박, 어분, 게껍질, 숯가루 및 제올라이트 등)을 발효시켜 병용하는 등 유용미생물 및 발효퇴비나 발효액비 중심의 시비관리를 하여야 한다.

이에 더하여 무농약, 무제초제, 무화학비료 즉 3무(無)농업을 계속하면 항산화력이 높은 토양이 될 수 있다. 농업의 지속적인 생산성과 소비자의 건강을 위하여 농업인들은 사람을 살리는 농법에 주력해야 한다.

자연농법을 수년간 연구해온 전 서울대 이문웅 교수는 이렇게 항산화력이 높은 토양이 되면 해충이나 벼멸구 등이 발생하지 않는다고 한다. 그렇게 되면 '자연재배'만으로도 우수한 농산물을 재배할 수 있다고 한다. 자연재배란 마치 숲에서 나무가 자라듯 아무것도 인위적으로 주지 않고 자연의 힘만으로 작물을 기르는 재배법이다.

자연농법이 유기농 보다 훨씬 경쟁력 있다는 인식이 확산된다면 점점 더 많은 농가들이 참여하게 될 것이다.

앞으로 농업도 국제적으로 경쟁력을 갖추려면 하루빨리 자연농법을 적극적으로 권장하는 정책을 수립하고 실행해야 할 것이다.

Q. 현 농업정책의 인식전환과 완전한 개혁 방안은 ?

그래도 농업은 희망이다

우리나라의 전체 국토 면적 대비 농촌 면적은 90%에 달하지만 거주하는 인구는 18.5%에 불과하며, 농어촌 거주 인구 중에서 농업에 종사하는 사람은 대체로 15% 정도이다. 그중 고령인구의 비율은 20%를 넘고 있다.

경제성만 따지고 본다면 앞으로 농업부분은 잦은 기상이변과 농산물 시장의 개방 등으로 인하여 인구 및 산업비중은 더욱 하향추세일 것이다.

그러나 농업부문의 부가가치는 점점 늘어나고 있다. 현재 국내 농업은 쌀을 비롯한 대부분의 농작물이 정체되어 있으나, 수입농산물의 급증 및 소비위축으로 농산물의 공급과잉상태에 있다.

농산물의 생산량은 경작면적의 감소에도 불구하고 기술진보, 생산기반 정비 등에 의하여 기본적으로 으로 증가할 것이다. 농산물 소비는 쌀을 비롯한 과일 및 채소류 소비가 이미 감소국면으로 돌아섰고 축산물 소비는 증가하고 있다.

인구감소와 1인당 소비량의 감소로 전통적인 농산물 수요는 위축현상을 보이고 있어 농산물 가격하락으로 이어져 농가소득을 악화시킬 것이다.

농산물 수급불균형 문제는 주곡자급률의 향상을 위하여 밀, 콩 등에 정책 우선을 두고 새로운 수요개발에 힘써야 할 것이다. 농산물의 신규 수요 개발은 농산물 수출과 더불어 미용·건강 ·식약품·레저 등과 같은 관련 산업과 연관시키는 것이 중요하다.

이렇게 하려면 농업도 지식기반사회에 부응하여 생산요소를 토지·노동·자본과 같은 요소에 중점을 두기 보다는 창의력·기술·정보와 같은 유연한 생산요소 개발에 집중해야 한다. 스위스, 네덜란드, 싱가포르 같은 나라는 자원이 없어도 국민을 교육시키고 지식을 활용하여 부자나라가 되었다.

앞으로 농업도 새로운 기술을 알고, 받아들이고, 창조하는 농업인

만이 성공할 수 있다. 농업분야에서도 더욱 창조적이고 차별화되고 다양한 영농형태와 영농방법, 제품개발에 중점을 두어야 할 것이다.

경영자 겸 금융전문가로서 전설적인 명성을 가지고 있는 짐 로저스 (Jim Rogers)가 2018년 고려대 강의에서 학생들에게 "20~30년 안에 돈 벌고 싶다면 농부가 되세요!"라고 했다.

그는 한국에 대해 "5~6년 안에 남북한이 합쳐질(merger) 신호가 많은데, 교육수준이 높은 젊은 북한의 노동력이 더해지면 한국은 굉장히 다이내믹한 나라가 될 것" 이라고 전망 했다. 그는 '농업이야 말로 가장 유망한 분야'라고 지목하여 말하였다.

그 이유 중 하나는 일본 농부의 평균 나이가 66세이고 한국은 65세인데, 갈수록 농부는 줄어들고 농산물 수요는 늘어나는데 비축량은 줄어들 것이므로 농업은 20~30년 안에 가장 수익을 낼 수 있는 분야라고 하였다.

세계적인 투자의 귀재가 한국의 대학생들에게 '농부가 돼라'는 메시지를 던진 것은 우리 농민들의 농업에 대한 비관적인 시각과는 매우 대조적이라는 점에서 주목할 필요가 있다.

필자 역시 '농업은 벤처산업으로서 젊은이들이 충분히 투자할 가치가 있는 분야이며, 우리 농업의 미래는 매우 희망적이다'고 생각하고 있다.

지금 지구촌 곳곳은 지구온난화에 따른 기상이변으로 몸살을 앓고 있으며 농업환경 변화로 식량사정이 악화되고 있다. 짐 로저스가 "농업은 향후 가장 유망하고 잠재력이 뛰어난 산업이 될 것"이라고 한 것은 우리에게 직면한 다양한 문제점을 해결할 대안이 생명산업인 농업

I 세계적인 투자전문가 짐 로저스, "한국에서 20년 후 가장 전망 좋은 직업
은 농업이다."

에 있다고 파악한 통찰이 있었기 때문일 것이다.

농업을 새로운 시각으로 보아야 할 때다. 농업관련 기술이 발달하
고 첨단과학기술과 생명과학 기술이 가능해지면서 새로운 가능성이 보
이고 있다. 지금 농촌에서는 조용한 변화가 일어나고 있다. 독창적인
경영을 통하여 새로운 부를 일구어 나가는 농업인이 많아지고 있다.

직업으로서의 농업은 퇴직 정년이 없고, 조직생활에서 오는 스트레
스도 없다. 스스로의 의사결정에 따라 경영을 하고, 상대적으로 경쟁
자가 적다. 또한, 노력 여하에 따라 경제적 부도 보장되고 전원 속에서
생활할 수 있다는 장점이 있다.

그동안 한국 경제의 성장 과정에서 농촌의 아들·딸들은 산업역군으로 내 놓았고, 농토도 공장과 도로 부지로 내놓았다. 농촌을 떠날 사람은 거의 다 떠났고, 논밭도 전용할 만한 곳은 거의 바뀌고 농토만 남았다. 그런데 노인들만 남았던 농촌에 IMF 라는 격동의 시기를 지나면서 다시 새로운 꿈을 꾸는 사람들이 찾아들었지만, 농업과 전원생활에 대한 막연한 기대와 다른 현실을 인지하고 90%가 다시 도시로 돌아갔다.

귀농·귀촌은 반드시 구분하여야 한다. 귀농에서도 상업농과 자급농, 귀촌에서도 직업을 갖고자하는 사람과 은퇴 후 농촌생활을 즐기려는 사람에 대한 구분에 따라 귀농·귀촌 정책이 달라야 한다.

이젠 농촌과 농업, 농민을 도시와 타 산업의 종속변수로 여기던 시각에서 벗어나 농촌과 농업이 자체적으로 지속 성장할 수 있는 길을 찾아야 할 때다. 정부도 농업 문제를 풀기 위해 정책 패러다임의 전환이 필요하다는 데 동의한다. 농업의 범주에 식품산업에 이어 생명산업, 농촌 부문의 경관과 환경의 이미지 기능까지 추가하는 방향으로 가야 한다.

최근 들어 한국 농업의 장기비전을 모색하기 위한 다양한 논의들이 진행되고 있다. 통상과 국내 농업을 어떻게 병행시킬 것인지, 구조조정 내용과 속도를 어떻게 정리할 것인지, 우리 농업의 경쟁력을 어디에서 찾을지도 연구하고 있다.

정부도 시장 개입·설계자에서 시장기능 촉진자와 시장 실패 보완자로 그 역할을 바꾸고, 지원방식도 보조금 방식에서 산업의 가치창출

능력 지원으로 전환해야한다. 세계화의 물결 속에서 한국 농업이 건전하게 생존하려면 산, 관, 학, 민이 모두 함께 노력하고 타협하는 마인드를 가진다면 한국농업의 미래는 분명히 밝다고 생각한다.

Q. 이미 농업시장은 글로벌화 되었다. 우리가 농산물을 수출하고 싶다면 다른 나라의 농산물도 수입해 주어야 한다. 그런데 첨단농업, 스마트 농업을 한다면서 탄소중립에 배치되는 에너지 투입 농어업을 권장되고 있는 농정은 바른 것인가?

식량주권과 식량안보

국가 운명을 좌우하는 식량산업정책

우리나라는 빠른 경제성장과 더불어 식량산업정책은 경제적 논리에서 늘 평가절하 되어왔다. 우리나라 농업은 국토면적의 20%와 인구의 6%를 점유하면서도 국내총생산의 약4% 정도에 머무르고 있다. 경제적 효율성을 강조하는 경제학자들과 행정 관료들의 입장에서 보면 매우 비효율적인 부문으로서 구조조정의 대상이다.

또한, 유권자 수가 중요한 정치인의 입장에서 보면 농어업인 차지하는 비율은 도시인구에 비하여 미미한 숫자인 만큼 정책우선순위에서 후순위로 밀려나야만 했다. 농업인들은 안타깝고 답답한 심정을 노동운동권에 기대여 자신들의 목소리에 힘을 실었다. 이에 정치인들은 때로는 부추기고 때로는 위로하면서 맹목적인 농업 사랑을 보이며 자신들의 실속을 챙겨왔음을 부인할 수 없을 것이다.

우리나라 식량산업정책은 이와 같이 경제성과 효율성을 강조하는 시장논리와 보수적 정권과 진보적 정권이 바뀔 때마다 이중적인 태도를 보이는 정치논리로 대립되어 왔다. 여기에 개발론과 보전론, 개혁주의와 보수주의, 세계화와 전통유지 논리가 상호 대립하는 상황에서 안타깝게도 주도적이고 신뢰성 있는 정책을 전개했다고 평가하기는 어렵다.

특히, 세계적인 무역자유화 추세와 국제시장의 확대와 통합, 범세계적으로 떠오른 환경악화와 자원고갈문제 그리고 급격한 정보통신의 발달과 더불어 획기적인 경제성장으로 사람들의 생활패턴과 인식체계가 일대 전환을 가져오고 있다. 지금과 같은 상황에서는 적절히 대응하면서도 중심을 잡고 신뢰성 있게 밀고 나아가야 하는 것이 정부의 식량산업정책이다.

기본적인 식량안보의 개념은 모든 사람들이 활동적이고 건강한 삶을 위해 충분한 식량을 확보하는 것이다. 식량은 시장에서 거래되는 상품 가운데 하나지만 경찰, 환경, 국방과 같이 국민의 생존과 직결되어 있으며 사회 안정과 국가 안보에 영향을 미치는 중요한 공공재이기도 하다.

공공재는 누구도 소비에서 배재되지 않으면서 모든 사람들이 그 혜택을 누리고 다른 사람들이 소비한다 해도 그 기능이 줄지 않는 서비스를 말한다. 국가의 식량산업은 국가운명을 좌우한다. 고로 식량산업정책의 실패는 국가운명에 치명적인 결과를 초래할 수 있으므로 매우 신중하고 거시적 안목에서 수립되어야 한다.

식량산업이란 농업, 임업, 어업과 같은 1차 산업뿐만 아니라 농기계, 비료, 농산물의 가공과 농·어업관련 시설의 건설 등과 같은 2차 산업이 포함된다. 여기에 식품유통, 농업행정, 농업금융과 교육과 같은 3차 산업까지를 포함하여 균형 있게 육성 발전되어야 한다.

특히, 식량산업정책을 성공적으로 수행하기 위해서는 식량산업 기반이 되는 농지, 농·어업인, 농업용수, 농업기술, 농업관련제도와 같은 식량생산기반이 제대로 구축되어야 한다. 식량산업이야말로 국민생존권의 기본이 되는 동시에 국가 존립의 근간이 되는 버팀목이기 때문에 그 무엇보다 중요하다.

식량안보의 보장은 주식인 쌀과 대중적인 소비가 늘어나는 밀과 콩이 기본이자 최소한의 필요조건이다. 그러나 식량 자급률의 목표 설정이 시사 하는바와 같이 국가 수준에서 모든 식량을 종합 관리하고 전략적으로 접근하는 것이 이상적이다. 따라서 식량안보를 위한 정부 정책은 포괄적 개념의 식량을 대상으로 국내 생산의 목표값 설정 후 이에 따른 추진, 해외 농업개발, 식량전진기지 확보 등 다각적인 측면에서 시행되는 게 바람직하다.

또한, 식량자급률을 높이기 위한다는 명목으로 식량위주의 농업을 추진하는 것도 바람직하지 못하다. 이렇게 식량위주로만 생산할 경우는 자원배분의 왜곡과 비효율을 초래할 수 있다. 그리고 개별 농가의 편익이나 소득에도 악영향을 줄 수 있다.

식량작물이든 기호작물이든 농가의 다양한 선택을 존중해야 하며 오히려 수입의존적인 품목과 대체 관계에 있는 새로운 분야, 새로운 품목을 개발하는 것이 바람직하다고 본다.

| 발간일자(2006. 9)

우리나라 식량산업정책의 현주소

농업은 개별적인 농업, 수산, 산림, 축산의 문제로 구분하여 정책을 추진하거나 문제를 해결하려고 해서는 안 된다. 농업과 농촌, 어업과 어촌, 산림과 산촌이 연계되어 있다. 거기에는 우리 국민의 정서와 식문화와 같이 보이지 않는 가치뿐만 아니라 국민의 생존과 직결되는 식품안전과 보건위생 그리고 식량안보와 직결되기에 시스템적으로 생각해야만 한다.

문민정부에서 현 정부에 이르는 동안 FTA를 체결하면서도 국내농업문제를 소홀하게 생각하지 않고 직불금·자조금 등을 실행하고 대책을 시행한 정부는 참여정부이다. 그 외에는 여전히 농업문제는 경제 관료에 의한 행정편의주의에 빠져있다. 이는 국회의원에 농수산 전문가가 없어서 관리감독이 되지 않기 때문이다.

예를 들면, 농수산통계는 국가식량산업의 근간이 되는 중요한 행정업무인데, 통계청의 농수산통계조직으로 이관함으로써 중앙정부차원에서 일관적인 식량산업수급계획에 차질을 초래하였다.

농식품부의 경우만 보더라도 농식품부 중 본부직원은 1200만 농업인일 때에 비하여 인원 차이가 없으면서도(오히려 늘어난 부분도 있음), 최일선 농어업인 접전 공무원 조직인 농촌지도소, 어촌지도소 등을 지방에 넘겼기 때문에 손발이 잘린 기형적 조직으로 변하여 배추파동, 구제역, 조류독감과 같은 전국적인 문제 발생 시 효율적으로 대처하지 못하였다.

그런데, 구제역등의 문제가 발생하니 공직자들은 새로운 방역본부 운운하면서 조직을 통폐합하는 과정에서 오히려 공무원 수를 또 늘리고, 기존 조직의 이름을 바꾸어 상위직급의 공직자 수를 늘리고 말았다.

공직자 위계구조에서 상층부는 주로 고시출신들의 관료화된 집단이다. 이들 관료들은 계단을 밟으며 차근차근 올라간 것이 아니라 고속승진의 승강기를 탔기에 현장의 생태를 알지 못한다. 늘 봄길만 걷는 사람은 주변의 가시덤불이 쌓인 숲속을 보지 못하며, 여름벌레에게 차가운 얼음의 느낌을 전할 수 없는 것과 마찬가지로 현장을 모르는 공직자는 탁상공론에 치우칠 수 있다.

정원수 몇 그루 심어서 산의 가치를 증진시키기 보다는 그 산을 묵묵히 지켜온 못생긴 나무들이 있었기에 산이 늘 푸르렀음을 알아야 한다.

우리나라는 식품수입국이지 수출국이 아니라는 사실을 강조하고 싶다. 수입국과 수출국의 입장에 따라 정부조직을 운영해야 한다. 또한 식량산업에 대한 기본 마인드는 "식량산업 만큼은 중앙정부의 책임이다"라고 전제하고 중앙정부 차원에서 일관성 있게 지휘 통제하였을 때 문제점이 해결될 것이다.

앞으로 식량이 주요 안보자원으로 대두될 전망이라는 점에서 지금부터 해외 협력 및 자원외교를 통한 식량 공급 망을 구축해야만 한다. 우선은 앙골라, 세네갈, 아르헨티나와 같이 우리 어업전진기지가 있어 우호선린관계에 있는 국가들을 대상으로 해외식량기지를 육성하는 방안을 적극 추진함으로써 세계 식량 위기에도 국내로 식량을 들여 올 수 있는 시스템을 구축해야 할 것이다.

Q. 우리나라는 식품 수입국이다. 식품수입에도 주권이 필요하다. 즉, 수입대상국에 생산이력제 등을 실시하고 요구하는 협정이 필요하다. (미국의 경우 수입대상국에 HACCP의 적용과 직간접관리)

식품안전 정확한 정보 제공 길 열려

이영호 의원 '수산물품질관리법 일부개정법률안' 대표발의

22일 국회 본회의 통과, 수산물 안정성 확보

원산지표시 및 유전자변형수산물표시 위반행위에 대한 제재를 강화할 수 있는 길이 열렸다.

열린우리당 이영호 의원(강진·완도)이 대표발의한 '수산물품질관리법 일부개정법률안'이 지난달 22일 제263회 국회 임시회 본회의에서 농림해양수산위원회 대안으로 법률로써 확정됐다.

이 법률이 통과됨에 따라 원산지표시 및 유전자변형수산물표시 위반행위에 대한 제재를 강화할 수 있어 수산물 유통질서를 확립하고 수산물에 대한 소비자의 신뢰를 제고시키는데 기여할 것으로 전망된다.

특히 수산물 수입이 급증하면서 원산지표시 및 유전자변형수산물표시 위반행위가 조직화·지능화되고 있고, 수산물 부정유통으로 인한 피해가 심각해지고 있는 상황에서 법적 제재를 강화할

수 있는 법안이 마련돼 어업인들의 피해와 고통을 덜 수 있게 될 것으로 보인다.

이번에 국회 본회의를 통과한 '수산물품질관리법 일부개정법률안'은 일반국민에게 수산물의 안전성조사 및 그 결과 조치에 관한 사항과 수산물의 안전 및 품질관리에 관한 정보를 제공할 때에는 수산물품질관리심의회의 심의를 거치도록하고 있다.

또한 해양수산부장관 또는 시·도지사가 원산지 표시 등의 위반에 대하여 처분을 한 경우에는 원산지 표시 및 유전자변형수산물 표시 위반행위를 한 자에게 해당 처분을 받았다는 사실을 공표할 것을 명할 수 있도록 하였다. 특히 원산지표시 등의 위반에 대한 벌칙을 현행 5년 이하의 징역 또는 5천만원 이하의 벌금에서 7년 이하의 징역 또는 1억

원 이하의 벌금으로 상향조정하고 병과할 수 있도록 하는 것을 골자로 한다.

이영호 의원은 "수산식품의 유해물질 검출사항이 아무런 제한 없이 공개될 경우에는 소비자의 수산식품에 대한 불신 심화는 물론이고 생산자들은 소비 격감으로 인하여 큰 피해를 입을 우려가 있다"며, "본 법안이 통과됨으로써 수산물 안정성 확보에 의한 국민건강 증진 및 식품안전에 대한 정확한 정보를 제공하는데 밑거름이 될 수 있다"고 주장했다.

| 한국수산신문(2007. 1. 1)

종자주권이 농업주권

현재 한국인의 식량생산과 식량의 소비 행태는 그동안 한반도에서 오랫동안 생활하여 오면서 형성된 문화이며 한국인의 정체성을 결정짓는 중요한 요소이다. 그런데 현재의 식생활문화는 세계화의 물결 속에

| 필자가 갈무리한 토종 씨앗들

서 갈수록 서구화 되어가고 있다.

한 연구 결과에 의하면 소득수준이 높을수록 단백질 소비량이 증가하는 것으로 나타났는데, 우리나라의 식품소비 행태도 소득수준이 높아짐에 따라 곡류 소비의 양 위주에서 육류, 어패류 등의 단백질 식품과 과일, 채소류의 소비가 증가하는 등 소비 패턴이 변화하고 있다는 것이다. 여기에 핵가족화 및 맞벌이 부부의 증가와 주거형태의 변화 등의 이유로 가공식품소비와 외식소비가 급격히 증가하였다.

과연 이대로 가는 것이 맞는 것일까? 식품을 선택하고 먹는 것은 개인들의 자유의사에 따르는 것이라고 간주하고 방관해서는 안 된다. 한국인의 정체성을 결정짓는 문제이자 국민 삶의 질을 결정하는 중요한 요인이기에 식량산업은 정부정책에서 매우 중요한 의미를 갖는 것이다.

볍씨 한 알을 성분분석을 해보면 대부분이 탄수화물이고 나머지는 소량의 단백질과 지방 그리고 무기물질로 구성되어있다. 그러나 그 볍씨가 토양과 물을 만나고 햇빛을 만나면 싹이 돋고 다시 무수한 볍씨를 맺게 된다.

종자 속에 화학적 성분이외에 배태되어 있는 생명의 힘이 있다. 사람은 종자 속에 배태되었다가 발현해 낸 그 생명의 힘을 먹고 산다. 그러므로 건강하고 좋은 종자의 보존과 육성은 생산성과의 함수관계 뿐만 아니라 인류의 생명을 살리는 중요한 의미를 지니고 있는 것이다.

> **Q.** 학교급식, 군, 경찰, 교화시설 등 공공단체에 의한 단체급식은 식량정책에 따른 우리 고유의 식문화가 기본이 되어야 한다.

식량자급률을 높여야 한다

우리나라의 식량자급률을 높이려면 첫째가 식량자급률에 대한 목표설정이 필요하다. 막연하게 차츰 식량자급률을 높이겠다는 것이 계획이 되어서는 안 되고, 국가차원에서 예를 들면 '식량자급률 50%'은 정권이 바뀌고 장관이 바뀌더라도 변함없이 지켜져야 한다는 사회적 합의를 도출하고 이를 특별법으로 명문화하여야 한다.

현재는 식량을 80% 정도를 외국에서 수입해서 먹으면서도 그러한 명문화된 목표자체가 없다는 것 자체가 문제인 것이다. 쌀을 제외한 곡물 자급률이 5%에 불과한 우리나라는 해마다 1400만t이 넘는 곡물을 사들이기 때문에 곡물가격 상승은 큰 부담일 수밖에 없다. 더 큰 문제는 국제 곡물 가격 급등에 대한 대비책이 거의 없다는 것이다. 모든 것은 유기적으로 연결되어 있다. 식량안보적 차원의 마인드와 가치관이 결여된 식량자급률에 대한 식량정책은 단기적이고 일시적 효과에 그치지만, 제대로 된 확고한 의지를 가진 식량정책을 수립하게 되면 이에 따른 방안들이 강구될 수 있다.

최근 국회에서 통과된 양곡관리법에 대통령이 거부권을 행사하였다. 양곡관리법은 쌀 생산 공급과 수요 불균형으로 쌀값이 올라가면 소비자 물가안정에 압력을 주니 정부가 수매한 쌀을 풀어 조정하고, 쌀값이 내려가면 농민들 소득보전이 어려우니 정부가 수매를 해서 쌀값을 안정시키는데 예산을 쓰자는 것이다.

그런데 이 정책이 대중을 현혹하는 정책이라고 한다. 아파트 분양이 많아지면 건설사 경영이 어려우니 이를 정부가 사서 건설업체들 수익을 챙겨주는데 예산을 쓸 수 있지만, 농민들 생산비 보전에는 그럴 수 없다는 것이다.

양곡법이라 불리우는 쌀법의 개정도 이해는 하지만, 쌀농사와 일반 농사를 비교하였을 때 농업인의 인구와 국제적인 긱량수급에 의한 수출주도형 국가로서 형평성 등 해결해야 하는 여러 문제점이 있는 것 또한 사실이다.

이러한 사실을 보더라도 양곡법을 한단계 높여 주곡목표율에 대한 식량자급률 목표설정, 즉 '주곡목표율관리를 위한 특별법'으로 제정하는 것이 필요하다.

올해 들어 임산부와 초등학생에게 친환경 농산물을 지원하던 사업과 서울시가 진행하던 도농상생 공공급식 사업을 줄이거나 중단시켰다. 그나마 친환경 농업을 유지해주고 소비자들도 좋아하던 사업들의 예산이 끊기거나 줄어들어든 것이다.

도시화 산업화는 농업과 농촌의 가치를 떨어 뜨려왔다. 지방소멸을 핑계로 갖가지 개발사업과 산업단지가 농토를 점령하고 농촌은 농촌다움을 상실해 가고 있다. 농업인들도 편리성을 이유로 기존가옥 대신 아파트를 선호하고, 손님이 오면 텃밭대신 대형마트에서 식재료를 마련한다.

농업과 농촌의 가치는 경제적 논리만으로 매길 수 없다. 자연환경 보존과 농촌공동체 유지, 전통의 계승, 공해물질의 흡수와 처리 등 산업경쟁력으로 평가할 수 없는 가치를 무시할 때 농업과 농업인의 가치는 회복할 수가 없을 것이다. 농업과 농촌의 가치를 회복해야만 농업이 경쟁력을 가질 수 있고 도농상생 즉, 도시와 농촌이 안전하고 풍요롭게 살아 갈 수 있을 것이다.

> **Q.** 2023년 양곡법 개정이 필요했을까?
>
> (양곡법 = 쌀법 ≠식량법)

식량안보는 식량주권

농업은 안보적인 측면에서도 대단히 중요하다. 위기 상황 발생 시 최소한의 안전장치를 확보하기 위한 식량안보 기능은 해가 갈수록 더 강조되는 분위기다.

유엔식량농업기구(FAO)는 1996년 '로마 선언'에서 다음과 같이 강조했다. "모든 국가는 경제적, 정치적, 계절적 영향에 구애받지 않고 안정적으로 국민의 식량 수요를 충족시킬 수 있어야 한다. 이를 위해서는 자국의 농업 생산 증대, 적절한 재고 관리 및 국제무역이 중요하다."

하지만 최근에는 농산물의 국제 교역량이 증가하면서 광우병, 가금 인플루엔자, O-157, 수입 농산물의 잔류농약 검출, 위장 원산지 표시 등 식품의 안전성을 저해하는 문제까지 발생해 국제적인 이슈로 부각되고 있다.

우리나라의 경우 쌀은 최근 몇 해 동안 풍작에다 소비 감소로 남아돌지만 아직도 전체곡물의 80%를 외국에서 수입하고 있다. 세계 주요 선진국들의 곡물 자급률이 100%가 넘는 것과 비교할 때 우리나라의 식량주권은 매우 취약한 상태임을 알 수 있다.

현재 우리나라는 경지면적 감소, 식량 자급률 저하, 국제 미곡시장 불안, 남북통일 대비, 빈곤층 급식지원 등 식량주권을 위협하는 요소들이 도처에 널려있다.

이처럼 농업은 국민들의 식생활을 해결하고 다양한 혜택을 주고 있지만 농업과 농촌에 대한 도심 소비자들의 인식은 미흡하기만 해 정부 차원의 재조명 노력이 시급하다.

Q. 식량안보는 북한과의 관계만을 뜻하는 것이 아니다.

농업의 대북협력 방향

농업부문 대북지원은 대부분 식량과 비료가 큰 비중을 차지하고 있으며, 민간단체 중심으로 농약, 종자, 농기계 등을 지원하여 식량난 해소에 기여해 왔다. 앞으로 대북 농업협력은 긴급구호 차원에서 식량

부족을 근본적으로 해결할 수 있는 방향으로 개선되어야 할 것이다

첫째, 긴급 구호적 지원과 함께 북한의 농업생산성 향상을 가져올 수 있는 농업기술지원과 농업개발지원에 중점을 두어야 한다. 그리고 북한 경제체제를 개혁할 수 있는 협력에 중심을 두어야 한다. 농지의 사유화와 시장의 자유화를 유도할 수 있는 전략적 협력 사업에 비중을 두어야 할 것이다.

둘째. 남북 농업의 보완화·분업화의 시각에서 협력 사업을 추진해야 한다. 남한 농업에 종속시킨다는 의미가 아니고 남북농업이 상호보완관계가 구축될 수 있도록 지역별 특화작목 개발에도 눈을 돌려야 한다. 남북 간 합의를 바탕으로 복합농업의 새로운 발전모델을 개발하여 확산시키는 전략을 도입해야 한다.

셋째, 정부차원에서는 농촌진흥청에서 북한지역 적응성을 시험 중인 종자의 시험재배, 토양개량, 수량증대를 위한 공동 연구사업 등을 추진해야 하며, 민간차원에서는 계약재배를 활성화하고 협동농장의 경영참여나 인수경영도 추진해 볼 수 있다.

남북농업협력은 북한의 식량문제 해결에 초점을 둬야 할 것이다. 식량부족량은 연간 200만 톤 수준이지만, 현재 우리 남한이 지원하는 것은 거의 없다. 그러나 지금과 같이 안보문제가 안정되지 못한 상태에서 인도주의적 지원이 필요하다.[1]

1 광역단체별로 기관명칭이 다르다

Q. 헌법에 명시한 '대한민국'이 기본이다 식량은 지방정부가
아닌 중앙정부의 직접 관리 하에 두어야 한다.

예 농업기술센타(옛 농촌지도소), 전남해양수산과학원[1]

(옛 어촌지도소) 등

해외농업 개발

식량기지 확보, 글로벌 해법

지구촌 곳곳에서 폭염과 강추위 등 이상기후를 보이는 데다 인구증가와 바이오에너지 곡물수요 확대 등이 겹치면서 국제곡물가격의 변화가 심각하다.

대표적 곡물생산국인 중국과 캐나다는 가뭄과 폭우, 러시아와 우크라이나는 전쟁으로, 국제적 가격 폭등세를 유발했다. 국제 곡물가격의 급등 현상이 계속되자 식량 자급률이 낮은 중국이나 일본, 중동국가 등 곡물수입국들은 식량안보를 위협받을 것을 우려하여 해외 식량개발사업에 앞 다투어 뛰어들고 있다.

우리나라 역시 주식인 쌀만 자급할 뿐, 자급률이 낮은 밀, 옥수수, 콩류 등 주요 곡물의 95% 이상을 수입에 의존하고 있어 안정적인 물량확보를 위해 해외농지 확보가 시급한 과제이기 때문에 필자도 2004년부터 꾸준히 정책보고서 등을 통해 대안을 제시 한 바 있다.

세계 곡물무역은 생산량에 비해 무역량이 12% 정도에 불과한 '소규모 시장'이므로 국제가격은 약간의 수급변동에 의해서도 크게 변화한다. 국제식량농업기구(FAO)는 수자원 부족과 세계 곡물재고의 부족, 이상기후와 재해 등으로 인해 가까운 장래에 전 세계적 차원의 식량수급불안과 가격폭등을 경고한 바 있다. 이처럼 식량수급 불안정은 전 세계적 현상이며, 앞으로 더욱 심화될 것이라는 의견이 중론이다. 우리나라도 예외일 수는 없으며, 이미 쌀을 제외한 식량자급률은 20%이하로 떨어져 안정적인 식량 확보 대책이 시급하다.

21세기를 맞이하여 WTO, DDA 및 FTA협상 등 세계 자유무역 체제 도입과 함께 대륙별 무역보호를 위한 블록 체제가 형성되면서 우리나라도 조만간 지금 보다 훨씬 더 많은 국가들과 FTA협상 및 시장개방을 해야 할 것이며, 동남아 또는 환태평양 국가들과 블록화를 수용해야 하는 입장이다.

우리나라의 협소한 국토면적과 매년 감소하고 있는 농경지 규모를 고려할 때 국내 농업생산의 효율성과 생산성을 높이는 데에는 구조적 한계가 있다. 국내 농업이 대규모 생산체제를 갖추는데 한계가 있다면, 앞으로는 우리의 우수한 농업기술과 인적자원·자본력으로 해외농업개발 시대를 열어야 할 시대가 도래 했다고 생각한다.

Q. 해외농업기지 확보는 주곡 자급률 목표를 위해 선택이
   아닌 필수이다.

해외 농업기지 진출방안

우리나라에서 소비하는 식량의 대부분을 수입에 의존하는 세계 3대 곡물 수입대국이다. 따라서 물가안정이라는 단기 처방을 넘어 중장기적인 주곡에 대한 수급 안정대책을 마련해야 한다.

이를 위해서는 국내 식량생산 능력을 극대화하는 동시에 부족한 식량을 해외에서 반입할 수 있는 능력을 확보해야 한다. 해외농업 진출은 식량의 해외생산기지 구축이라는 필요성뿐만 아니라 시장개방으로 일감을 잃게 되는 국내 농업기술인력과 자본재 산업에 새로운 기회를 제공할 수 있기 때문이다.

그렇다면 이와 같은 해외농업 진출이 성공하기 위한 조건은 무엇일까. 우선 진출대상지역의 농업이 국제경쟁력을 갖추고 있고 내수시장 규모가 커야 한다. 평시에는 생산된 농작물을 현지 또는 국제시장에 판매하다 비상시에는 국내 시장으로 반입할 수 있는 능력을 갖춘 지역이라야 성공 가능성이 높다.

또 민간 기업의 단독 진출보다는 전문성과 자본력을 갖춘 공기업이 동반 진출하는 게 바람직하다. 그래야 현지에서 생산, 유통, 가공, 수출까지 망라하는 전천후 생산기지화를 유도할 수 있기 때문이다. 특히 이를 위해 에너지, 광물 등 자원개발과 농업 진출, 개도국 지원 사업을 동시에 수행할 수 있도록 정부 부처 간 나눠져 있는 역할을 통합하여 해외투자 지원 시스템을 구축하는 것이 시급하다.

어느 때부터인가 우리나라 국민의 식탁은 외국농산물이 절반 이상 점령하고 있다. 어쩔 수 없이 수출에 의존해야 하는 품목은 항구적으로 수입에 맡기고 최소 수준만 국내에서 생산해 내도록 해야 한다. 바나나, 망고, 파인애플과 같은 열대과일 등은 탄소중립에 맞게 에너지 공급방식은 지양되어야 할 것이다.

하지만, 밀, 옥수수, 콩은 국내생산품에 대한 국민들의 충성도가 높기 때문에 더 확대해도 좋을 것이다.

우리 농산물 중 수출잠재력이 있는 품목을 집중 개발하여 해외시장을 공략해야 한다. 인삼, 김치와 같은 전통식품과 배추, 딸기, 사과, 배 같은 채소와 과일 그리고 화훼류가 이에 해당될 수 있을 것이다. 수출은 농업경쟁력의 나침반 역할을 하기 때문에 수출을 위한 집중적인 노력이 필요한 것이다.

농업자원이 한계가 있기 때문에 모든 품목을 생산하여 수입을 대체할 수 없다. 품목별 특성에 따라 수출하거나 자급 또는 수입해야 할지를 선택적으로 유도하고 지원하는 것이 효율적이다.

민관(民官) 상호 협력

해외농업 투자의 투자국은 일반적으로 저개발국과 개발도상국을 대상으로 해야 한다. 때문에 정부 간 신뢰를 바탕으로 한 견실한 경제협력 관계 구축이 선행되어야 한다. 또한 투자수익의 회수기간이 길고 투자위험도가 높으며, 법적·제도적·자연적인 문제점에 쉽게 노출되는 특성이 있어 정부의 참여가 필수적이다.

해외농업개발은 자칫하면 투자주체가 손실을 감수해야 함은 물론 국제적으로는 새로운 외교·통상 마찰 요인이 되고, 국내적으로는 정치문제로 비화될 수 있기 때문에 정부만으로는 한계가 있다. 다각적인 타당성 검토 작업을 거쳐 민관이 혼연일체가 되어 장기적이고도 신중하게 추진되어야 한다.

우리나라의 농업기술 현황을 보면 기업농이 육성될 수 있는 터전이 미약하여 대부분의 농업기술과 전문 인력이 정부기관이나 국영기업에 속해있는 상황이며, 민간부문에서는 해외농업개발에 참여하려 해도 인력과 경험의 부족으로 많은 어려움을 겪고 있다.

따라서 정부에서는 전문 인력과 기술을 보유하고 있는 공기업들의 참여, 즉 해외농업투자를 위한 공기업들의 컨소시움 결성과 자회사 설립 등을 유도하고 기술 및 정보 지원부터 해외농업투자에 대한 국민적인 공감대와 관심을 높인 뒤 자금지원을 확대하는 방안을 연구해야 한다.

Q. 식량 수입관련 의무대상 기업지원과 책임?

안정적인 식량수급

우리나라 2023년도 정부 발표에 의하면 주곡자급률은 19.3%이다. 20년 전인 2002년(58.3%)과 비교해 39.3%포인트나 하락한 수준이다. 우리 국민이 필요로 하는 식량의 절반 이상을 외국산에 의존하고 있는 셈이다. 1990년만 해도 70%를 웃돌던 식량자급률이 불과 30여 년 만에 20% 선까지 내려앉은 것이다.

문재인 정부에서도 낮아진 데는 문재인 대통령후보시절 농어촌정책 자문위원장이자 해양수산특별위원회 위원장을 맡았던 필자의 책임도 있다.

이는 우리나라 스스로 식량을 제대로 조달할 능력도, 부족한 곡물을 외국에서 안정적으로 들여올 기능도 제대로 갖추지 못하고 있음을 말해주는 것이다.

그 일차적인 원인은 기상여건과 밀접한 식량생산의 불안정 때문이지만, 식량관련 정책의 무지와 현실 타계만을 생각한 정치권과 행정부의 무능이 결합하여 중장기 예측의 실패에 기인한다. 결국 100%를 웃도는 쌀 자급률은 식량기호의 변화이지 생산량의 증대는 아니다. 이러한 상황에서 해외농업 개발은 부족한 국내 주곡자급률을 보완하고 안정적인 식량자원 확보에도 필요하다.

세계인구의 증가, 특히 지속적인 중국의 식량수요 증가 등으로 인해 곡물수요는 계속해서 확대되고 있는 반면 경지면적의 감소와 기상이변·환경오염 등에 따라 곡물생산 능력은 점차 한계에 부딪치고 있다. 이러한 생산과 소비의 불균형으로 인해 국제 곡물가격도 지속적으로 상승하는 등 식량 확보에 불안정한 요인이 많으며, 이러한 현상은 앞으로 더욱 심각해 질 것으로 예상된다.

따라서 국내에 안정적인 식량을 공급하기 위해서는 보다 적극적인 방안을 수립해야 하며, 중장기 식량도입선 다변화 정책으로 해외농업 개발을 적극 검토해야 한다.

2007
정책자료집-23

안정적 식량확보를 위한 해외농업개발 활성화 방안

차 례

국회의원 이 영 호(농림해양수산위원, 예산결산특별위원, 열린우리당)

02)784-5024/www.basemi.net

국내 농업발전에 기여

지금까지 우리나라의 제조업과 서비스 분야는 1980년대 후반부터 개발도상국에 활발히 진출하여 그 능력을 인정받았다. 이와 더불어 농업에서도 우리는 전통적인 농업에서 탈피 농촌진흥청 등 관련 연구기관, 농업관련 기업 등의 노력에 의해 선진국 수준을 넘어 최고 기술 수준을 보이고 있다. 토지자원이 적고 시장규모가 작은 우리나라의 실정으로 인하여 농업관련 산업이 국제경쟁력을 확보할 수 있기란 여간 어려운 일이 아니었음에도 관련 산업의 발전에 의한 종합적인 농업의 기술 수준은 비약적으로 발전 하였다.

예컨대 최근 우리나라의 농기계는 갈수록 대형화되어 가고 있으며, 스마트 팜 등 농업기업의 6차 산업까지의 합은 괄목할 만한 성과를 보이는 것도 사실이다.

하지만, 기초 식량 즉, 주곡자급률의 하락은 식량안보 차원에서도 시급히 대책을 세워야 한다. 이에 대한 한 방법이 해외 식량기지의; 건설이다.

얘를 들면 중국의 삼강평원 개발사업의 예만 보더라도, 삼강평원 내에는 100여개 이상의 국영농장이 있어 각종 농자재 및 농기계의 수요가 막대하다. 따라서 진출한 우리기업이 투자농장을 발판으로 중국의 농기계 회사 및 농자재 제조회사들과 협력할 수 있는 가능성이 무한하며, 중국산보다 월등한 우리 농산물과 농자재의 경쟁력으로 인해 시장의 확대가능성도 매우 크다고 본다.

더 나아가 중국의 농업기술과 시장, 한국의 자본과 경영이 결합하면 농업의 국제경쟁력을 확보함과 동시에 축적된 기술과 경험은 다시 국내로 환원되어 국내농업 발전에 보탬이 되고, 한·중간의 농산물 무역불균형 해소에도 도움이 될 것이다.

중미의 볼리비아, 남미의 브라질, 아르헨티나, 아프리카의 앙골라 등도 우리의 해외 식량산업 기지를 만들 수 있을 것이다.

결과적으로 외국에서 투자·생산된 곡물반입으로 국내식량의 안정성을 확보한다는 해외농업개발의 단순 목적에서 탈피하여, 국내 농업 발전과 세계평화·인류 상생으로 연계시키는 차원에서 해외농업개발을 시도하는 것이 바람직할 것이다.

다른 산업 진출의 계기 마련

최근 우리나라의 국력은 지속적으로 신장되고 있다. 그간 우리는 선진국을 대상으로 한 수출이 우리 경제의 근간을 이루어 왔던 관계로 개발도상국과의 협력을 상대적으로 도외시했다. 그러나 앞으로는 OECD에 가입한 우리나라에 대해 개발도상국들로부터의 지원 요구가 더욱 거세질 것이며, 우리의 이해관계에 따라 능동적으로 지원할 필요가 있다.

상대국에 신뢰감을 주면서 좋은 인상을 줄 수 있는 방법은 농업개발에 대한 투자이다. 1차 산업인 농업이 진출하게 되면 이에 따른 2차, 3차 산업의 지속적인 확대 진출이 가능하기 때문이다. 일반적으로 개발도상국들은 농업인구의 비중은 크지만 낮은 교육수준과 빈약한 국가재정으로 인하여 농업개발에 공통적인 어려움을 겪고 있다. 따라서 개발도상국의 정부에서는 다른 산업에 비해 상대적으로 투자자본의 회수가 긴 농업분야에 외국이 참여한다는 것에 긍정적이다. 이처럼 상대국의 신뢰를 바탕으로 한 해외농업투자는 농업관련 산업은 물론이고 다른 산업의 현지 진출을 도울 수 있는 좋은 계기가 될 것이다.

참여정부 4년째인 2006년 기획되어 온 코피아(KOPIA·해외농업기술개발사업)는 농진청이 주관해 개발도상국 현지 맞춤형 농업기술 개발 보급을 통해 협력대상국의 농업 생산성 향상 및 농업인 소득 증대를 목적으로 하는 국제개발협력사업이다.

2009년 아프리카에 처음으로 개설한 코피아 케냐 센터는 2020년부터 메루주 6개 마을 1천200 농가를 대상으로 양계·감자 시범 마을 사업을 추진하고 있다.

이 사업을 통해 병아리 사양관리 및 자체 배합사료 이용 묶음(패키지) 기술 보급, 무병 씨감자 지원, 감자 재배관리기술 교육 등을 실시하여 양계마을은 사업 전 보다 평균 농가소득이 약 3.8배, 감자마을은 약 1.6배 증가했다.

코피아 추진사업을 보다 확대하여 개도국과 농업기술 협력을 확대해야 한다. 그것은 단순한 선진농업국가 기술 원조를 넘어 세계적인 식량위기를 극복하기 위한 개도국과 상생 발전을 도모하는 명분이 있고 대한민국의 국격을 높이는 일이기도 하다.

또한 앞서가는 농업기술을 개도국에 전수함으로써 민간기업의 진출이 가능해지고 농업기술 교류 과정에서 일자리를 창출하고 미래를 위한 글로벌 전문 인력을 양성할 수 있기 때문에 먼저 획득한 농업기술을 개도국에게 지금보다 더 적극적으로 전수하여 해외농업 개발에 앞장서야 한다.

한민족 2억 명의 식량 확보는 홍익인간 인간존중을 기본으로 이는 세계평화, 인류 상생의 명제이기 때문이다.

이영호 정책자료집 목록

연번	제 목	발간일자
A. 농업 분야 (7권)		
A-1	신바젤협약 도입에 따른 농협중앙회 운영리스크관리 문제점 및 개선방안	2007. 10
A-2	농작물재해보험의 문제점 및 개선방안	2007. 10
A-3	친환경농업이 지역활성화에 미치는 영향	2007. 5
A-4	수리시설의 피해와 그 해결방안	2006. 10
A-5	농어촌에서의 개인회생제도 문제점 및 개선방안	2006. 10
A-6	안정적 식량확보를 위한 해외농업개발 활성화방안	2006. 5
A-7	미곡종합처리장(RPC) 정책 및 운영실태 조사분석	2005. 10
B. 해양수산 분야 (10권)		
B-1	항만공사(PA)제도 도입에 따른 효율적인 항만거버넌스 구축에 대한 연구	2007. 10
B-2	폐기물 해양투기에 따른 문제점 및 향후 대응방안	2007. 10
B-3	국가경제·안보를 위한 승선근무 예비역 병역제도 도입을 위한 제도개선과 향후 대응방안	2007. 7
B-4	한국원양어업 발전을 위한 제도개선과 그 향후 대응방안	2007. 5
B-5	수협중앙회의 MOU체결에 따른 문제점 및 개선방안	2006. 10

B-6	수산정책자금 대손보전기금제도의 현실진단 및 개선방안	2006. 10
B-7	어가부채경감을 위한 제도개선과 향후 대응방안	2006. 10
B-8	내수면양식의 문제점 및 발전방향	2006. 3
B-9	FTA체결이 수산부문에 미치는 영향 및 대응방안	2005. 10
B-10	수산업인 개념도입에 따른 법률적 검토	2005. 10
C. 교육복지 · 식품위생 분야 (9권)		
C-1~4	지방대학 시설확충문제와 개발제한구역	2006. 6~ 9
C-5	비브리오패혈증 제3군전염병 지정해제의 당위성과 해제방안	2006. 7
C-6	고령사회 한국의 농어촌–노인보호 어떻게 할 것인가?	2005. 10
C-7	농어촌 영 · 유아보육시설의 효율적 운영방안	2005. 10
C-8	비브리오패혈증 법정전염병 지정에 대한 문제점 및 대책	2005. 9
C-9	식품안정성 향상을 위한 HACCP 제도의 추진 성과와 제도	2004. 12
D . 과학 환경 분야 (5권)		
D-1	대운하건설이 연안해운에 미치는 영향–한반도 대운하의 허와 실	2007. 11
D-2	이산화탄소 저감대책으로의 해조류 활용방안	2005. 8
D-3	해조류 이용 이산화탄소 흡수원 지정을 위한 방안	2005. 6
D-4	이산화탄소 저감대책으로의 해조류 활용방안	2005. 11
D-5	이산화탄소 흡수원으로서의 해조류 양식 활용	2005. 4

제 6 장

천년의 신비, 황칠나무

- 천년의 신비
- 황칠나무의 효능
- 황칠나무의 자원화

천년의 신비

수삼(樹蔘), 황칠나무

황칠나무는 난대상록활엽수로 두릅나무과의 한국특산물이다. 학명은 덴드로파낙스(Dendropanax morbifera)이며, 그 의미는 '만병통치약'이다.

1910년 프랑스인 르베유(Leveille, 1863~1918)에 의해 명명되어 졌는데, 우리나라에서는 1996년 국가생물종지식정보시스템에 정식으로 '*Dendropanax morbiferus H. Lev*' 로 등재되어 있다.

지금의 '황칠나무'라는 이름은 일제 강점기인 1911년 나카이(Nakai)가 제주도 및 완도 식물조사 보고서에서부터 유래 한 것으로 보인다(정태현, 1965).

황칠나무는 이름도 참 많다. 고대 역사서, 지리서, 약학대사전 등에 다양하게 기록되어 있다. 수액에서 나오는 색깔이 노란 황금빛을 띄우기 때문에 황금나무, 황칠목(黃漆木), 노란 옻나무, 인삼나무 등으로 불려왔고, 도료로써 뿐만 아니라 약용 및 향료 등으로 이용되었기 때문에 그 활용에 따라서도 이름이 붙여졌다.

한방에서도 황칠나무의 이름은 다양하다. 「강서초약(江西草藥)」에는 풍하리(楓荷梨), 편하풍(偏荷楓), 압각목(鴨脚木), 이하풍(梨荷楓), 반하풍(半荷楓)으로 불렀다.

「절강민간상용초약(浙江民間常用草藥)」에서는 이풍도(梨楓桃), 목하풍(木荷楓), 오가피(五加皮), 풍기수(楓氣樹), 압각판(鴨脚板), 반변풍(半邊楓), 변하풍(邊荷楓), 압장시(鴨掌柴), 백산계골(白山鷄骨), 금계지(金鷄趾)라 하였다.

1977년에 한약재들을 집대성한 중국의 「중약대사전(中藥大辭典)」에서는 수삼(樹參), 황칠나무, 노란 옻나무 등으로 표현되고 있다.

필자가 황칠나무를 조사 연구한 바에 따르면 이러한 이름들이 가진 공통점은 서양과 동양을 불문하고 황칠나무는 단순히 도료 성분을 방출하는 나무가 아니라, 다양한 효능을 가진 약성을 지닌 나무라는 점이다.

대표적인 보양 한약재로 꼽히는 인삼(人蔘)의 주요성분은 사포닌이다. 그런데 황칠나무의 주요 성분도 사포닌이다. 신기하게도 인삼 꽃과 황칠나무 꽃, 그리고 열매 또한 매우 닮았다.

황칠이 분비된다는 점에서 '황칠나무'라고 부르니 일반적으로 옻나무처럼 옻이 오르지 않을까 하는 선입견을 가질 수 있으나 옻나무와는 전혀 다르다.

옻나무는 옻나무과 낙엽수이고 우르시올(Urushiol)이 주성분인 옻칠이 분비되며, 사람의 체질에 따라 옻이 오르지만, 황칠나무는 사철

Ⅰ 황칠나무 꽃

Ⅰ 인삼 꽃

Ⅰ 황칠나무 열매

Ⅰ 인삼 열매

푸른 상록수로서 노란색의 황칠이 분비되며 옻이 거의 오르지 않는 두릅나무과에 속한다.

황칠나무가 가진 약효 성분들은 황칠수액에만 있는 것이 아니고 잎, 줄기, 뿌리, 꽃, 열매 등에 모두 존재하기 때문에 나무 전체가 하나도 버릴 것이 없는 약재이다.

또한, 특별한 부작용이 발견되지 않은 대신 만병에 유효한 성분을 가지고 있으니 식의약품으로 개발되고 있어 면역력 향상과 국민건강 증진에 도움을 줄 수 있을 것으로 생각된다.

특히, 황칠나무에는 인삼과 산삼처럼 다량의 사포닌 성분이 들어 있어 강한 삼(蔘)향기가 나기 때문에 단순하게 황칠이 나오는 나무를 상징하는 '황칠나무 보다는 '중약대사전'에서 명명한 바와 같이 '수삼

| 본가의 41년생 황칠나무 뿌리

(樹蔘)'으로 하거나, 완도 강진 등 산지에서 통용되는 목삼(木蔘)으로
칭하는 것이 마땅하다고 생각한다.

황칠의 본고장, 완도

고대 중국 문헌과 우리나라 역사서에 기록된 바를 보면, 삼국시대
이전에는 '금칠'이라 통하였고, 삼국시대에는 '신라칠', 고려시대에는
'황칠'과 '금칠'을 혼용해서 기록하였고, 조선시대에는 '황칠'로 기록하
고 있다.

역사적인 기록 중 '황칠'이 처음으로 언급된 것은 당나라 시대 두우
(杜佑 : 735 ~812)가 801년에 펴낸 「통전(通典)」의 「185 백제편」이다.
이 책은 중국과 주변국들의 제도와 문물을 소개하고 있는데 '백제 서
남해의 세 군데 섬에서 황칠이 나는데, 6월에 수액을 채취하여 기물에
칠하면 황금처럼 빛이 나서 눈이 부셨다'라고 기록하고 있다.

우리나라 기록으로는 고려시대(1145년) 김부식(金富軾)의 「삼국사
기(三國史記)」에 고구려 본기(本紀) 보장왕 4년 편에 처음으로 등장한
다.

'645년 음력 5월 당나라 태종은 이세적을 선봉으로 직접 요동성을
공격하여 12일 만에 함락시킨다. '이때 백제가 금휴개(金髤鎧)를 바치
고, 또 검은 쇠로 무늬를 놓은 갑옷을 만들어 바치니, 군사들이 입고
따랐다. 황제와 이세적이 만났는데 갑옷의 광채가 태양에 빛났다.'는
내용이 나온다.

금휴개는 바로 황칠을 칠한 갑옷을 말한다. 삼국사기의 백제무왕 편(626년)에도 백제가 당에 사신을 보내 명광개(明光鎧)[1]를 바친 기록이 있다.

또한, 신라는 칠전(漆典)이라는 관청을 두고 국가가 칠 재료 공급을 조절하였다고 기록되어 있다.

삼국사기는 중국의 「구당서(舊唐書)」[2]를 인용하여 김부식이 기록한 것이다.

구당서에는 '백제 섬에서 황칠 수액이 생산된다.' 했고, 당나라의 두우(杜佑)가 쓴 「통전(通典)」 권185 백제 편에, "이 나라의 서남 바다 가운데, 세 섬이 있어 황칠수가 난다. 소가수(小欓樹;가래나무)와 비슷하지만 더 크다. 6월에 진액을 취해서 기물(器物)에 칠하는데 황금같이 번쩍여서 안광(眼光)을 빼앗는다."라고 했다. 이후 여러 문헌을 통하여 서남 바다 가운데 세 섬은 완도와 제주도, 보길도를 이르는 것으로 보이나, 최근 황칠나무 서식지에 대해 조사한 바에 의하면 완도에 속하는 노화도, 보길도, 청산도, 소안도 등에서 자생했던 것으로 보이며, 현재는 완도, 해남, 진도, 장흥, 영암 등에서 재배되고 있다.

고대 중국의 역사서 중의 하나인 「계림지(雞林志)」에도 황칠산지를 기록하고 있다.

---

1 명광개(明光鎧)는 중국의 갑옷이다. 남북조 시대에서부터 당나라 때까지 유행하였다. 가슴과 등에 타원형의 호심(護心)이라는 판을 대었다.

2 당나라(唐)의 사서로 24사(二十四史) 중에 하나다. 945년, 《구당서》 200권이 완성되었다고 전해진다. 618년 당 고조가 당나라를 건국한 후부터 906년 당 소종까지의 역사가 기록되어 있다.

'고려의 황칠은 섬에서 난다. 6월에 수액을 채취하는데 빛깔이 금과 같으며 볕을 쪼여 건조시킨다. 본시 백제(百濟)에서 나던 것인데 지금 절강(浙江)사람들은 이를 일컬어 신라칠(新羅漆)이라 한다.'고 기록하고 있다.

　이러한 역사서들에 황칠의 산지를 '백제 서남해안의 섬'으로 표기하고, 장보고 시대(張保皐, 785~846)즈음에는 '신라칠'로 일컫고 있는데 이는 모두 지금의 '완도'를 지목하고 있다.

　황칠의 본고장이 결정적으로 '완도'라고 명시한 기록은 조선후기 실학자 한치윤이 단군 조선으로부터 고려시대까지의 사실을 기전체로 서술한 「해동역사(海東繹史)」에, '황칠은 백제 서남해의 3도에서 나며, 6월에 채취하는데 황금색의 휘황한 광채는 눈을 부시게 한다.'고 하였다.

　"黃漆金産於 康津加里浦島 古所謂莞島也 我邦一城惟此島産黃漆(황칠은 완도의 옛 이름인 가리포 섬에서 유일하게 생산된다)"고 분명하게 기록하고 있다.

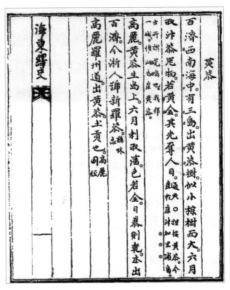

┃ 한치윤의 「해동역사」에 기록된 황칠이 출토되는 유일한 섬 완도

황칠나무의 애환

황칠을 중국황실과 중국부호들이 워낙 좋아하여 생산량 거의 전량을 중국에서 수탈해갔기 때문에 정작 우리는 왕실에서 조차 사용하기가 어려웠다. 그런데 병자호란 때에는 중국황제가 직접 "조선의 왕은 황칠을 쓰지 말라."고 명령을 내리기까지 했다. 일제 강점기에도 황칠은 거의 전량을 일본으로 가져갔기 때문에, 우리나라에서 생산하면서도 우리 궁중에서 조차 써보지 못하는 귀한 물목이었다.

조선시대 숙종 때 실학자 유암 홍만선(1664~1715)이 농업과 일상생활에 관한 광범위한 사항을 기술한 소백과 사전적인 책「산림경제」에서 '황칠은 천금목(千金木)이다. 그 씨가 약에 많이 들어가고, 여기서 나온 즙액은 황칠이 되고, 수지(樹脂)는 안식향이 된다. 갓끈에 그 같은 구슬을 패용하면 부정함을 막아낸다.'고 하였다.

황칠나무는 향료 및 약재로서도 중요했기 때문에 왕실의 건강을 담당하는 전의감(典醫監)이나 백성의 병을 돌보는 혜민서(惠民署)에서도 필수적으로 갖추어야 할 약재였다. 하지만 황칠나무는 이러한 가치와 그 희귀성 때문에 오히려 수난을 받았다.

특히 중국에 대한 조공과 과도한 공납 등으로 많은 양이 요구되었고, 황칠을 관리하는 지방 관리의 횡포로 그것을 조달해야 하는 현지인들에게는 고통을 주는 나무가 되었다. 조선시대에는 황칠나무를 백성에게 고통을 주는 나쁜 나무라고 여겨지게 되었고, 현지인들은 공물 수탈을 피하고자 나무를 베어 내고 있는 곳을 감추었다.

이러한 사실은 다산 정약용(1762~1836)이 강진 유배 중에 지은 '다산시문집'[3]의 '황칠'이라는 시에서 황칠의 아름다움과 자생지인 완도지역 사람들의 애한을 그대로 적었다.

시에 나오는 '궁복산'이란, 청해진 장보고 대사의 아명인 '궁복'으로서 황칠의 자생지인 완도의 상황봉을 일컫는다. 이 나무가 주민들의 소득원이 되지 못하고 오히려 착취의 대상이 되자 주민들이 황칠나무에 구멍을 뚫어 말라 죽게 하거나 몰래 도끼로 찍어 없앴다고 한다.

이러한 상황을 파악한 호남위유사(湖南慰諭使) 서영보(徐榮輔, 1759~1816)는 정조 18년(1794년)에게 다음과 같은 별단(別單)을 올렸다.[4]

'완도는 바로 황칠이 생산되는 곳이기 때문에 본도의 감영병영 수영 및 본도의 지방인 강진, 해남, 영암 등 세 읍에다 모두 연례적으로 바치는 것이 있고 왕왕 더 징수하는 폐단이 있습니다. 근년 이래로 나무의 산출은 점점 전보다 못한데 추가로 징수하는 것이 해마다 더 늘어나고, 관에 바칠 즈음에는 아전들이 농간을 부리고 뇌물을 요구하는 일이 날로 더 많아지니 실로 지탱하기 어려운 폐단이 되고 있습니다. 금년에 바람의 재해를 입은 뒤 큰 나무는 또한 말라 죽은 것이 많고 겨우 어린 나무 약간만 남아 있을 뿐입니다.

황칠은 또한 기물의 수요에 관계되는 것인 만큼 마땅히 배양하고 심고 가꾸어 국용에 대비하여야 할 것입니다. 지금부터 10년을 한정하여 영과 읍에 으레 바쳐오던 것을 아울러 감면하여 오래 자라는 실효

---

3 다산(茶山) 정약용(丁若鏞 1762(영조38)~1836(헌종2))의 전집인 《여유당전서(與猶堂全書)》 중에서 시문집 22권을 국역서 10책(색인 1책 포함)으로 간행한 것이다

4 『조선왕조실록』 정조 41권

君不見弓福山中滿山黃	궁복산에 가득한 황칠나무를 그대 보지 않았던가
金泥瀅潔生葒光	깨끗한 금빛 액체 반짝반짝 윤이 나지
割皮取汁如取漆	껍질 벗고 즙 받기를 옻칠 받듯 하는데
拱把榴殘纔濫觴	아름드리 나무래야 겨우 한잔 넘친다
匲箱潤色奪髹碧	상자에다 칠을 하면 옻칠 정도가 아니어서
卮子腐腸那得方	잘 익은 치자로는 어림도 없다 하네
書家硬黃尤絶妙	글씨 쓰는 경황으로는 더더욱 좋아서
蠟紙羊角皆退藏	납지고 양각이고 그 앞에선 쪽 못쓴다네
此樹名聲達天下	그 나무 명성이 온 천하에 알려지고
博物往往收遺芳	박물군자도 더러더러 그 이름을 기억하지
貢苞年年輪匠作	공물로 지정되어 해마다 실려가고
胥吏徵求奸莫防	징구하는 아전들 농간도 막을 길 없어
土人指樹爲惡木	지방민들 그 나무를 악목이라 이름하고
每夜村斧潛來戕	밤마다 도끼 들고 몰래 와서 찍었다네
聖旨前春許蠲免	지난 봄에 성상이 공납 면제하였더니
零陵復乳眞奇祥	영릉복유 되었다니 이 얼마나 상서인가
風吹雨潤長髡枿	바람 불고 비 맞으면 등걸에서 싹이 돋고
杈枒擢秀交靑蒼	가지가지 죽죽 뻗어 푸르름 어울어지리

가 있게 해야 합니다. 그리고 비록 옛날 상태를 회복하여 규례대로 납부하게 된 뒤라도 과외로 징수하는 폐단은 엄격히 조목을 세워 일체 금단해서 영원히 섬 백성들의 민폐를 제거하는 것이 마땅할 것입니다.

완도의 황칠을 10년을 기한으로 해서 면제해 주십시오. 지금 영과 읍의 가렴주구로 인하여 생산지에서 도리어 계속 잇대기 어려운 근심이 있다고 하니 어찌 한심하지 않겠습니까. 영읍에 바치는 것은 일체 모두 10년을 한하여 임시로 감면해주고, 비록 10년이 지난 뒤라도 그 동안 얼마나 자라 났는지와 얼마나 엄하게 과조(科條)를 세웠는지를 논하여 본사에 보고한 연후에야 비로소 옛날대로 회복하는 것을 허락하는 것이 마땅하겠습니다.' 라고 하였다.

이러한 과정에서 황칠나무는 점차 사라지고 잊혀져갔다. 해방이후, 황칠 조공은 없어지고 황칠나무에 대한 관심도 주춤해 졌다. 그것은 황칠나무의 '황칠'의 도료로서의 우수성이 높지만 직경 10㎝ 이상의 10년생 이상의 황칠나무에서만 수액채취가 가능하고 수액채취도 매우 어렵고 그 양도 매우 적기 때문에 산업화 시대에 접어들면서 저렴한 가격으로 대량 공급된 인공합성도료에 밀려났기 때문이다.

또한, 우리의 귀중한 문화유산의 하나이지만 황칠공예를 재현할 수 있는 장인이나 전통칠공예 장인 중에도 황칠에 대한 전문지식과 정보를 가진 사람도 거의 없어 황칠 공예의 맥이 거의 끊어진 상태에

ㅣ호남위유사 서영보의 별단

있었다.

그런데 예로부터 나무인삼이라고 불린 황칠나무의 효능을 알고 있는 지역주민들이 무분별하게 채취하면서 수목의 개체수가 줄어들었고, 황칠나무의 잎과 줄기는 토끼, 노루 등의 야생동물의 먹이가 되고 황칠나무 열매는 야생조류의 좋은 먹이가 되고 있어 황칠나무가 거의 사라질 지경에 이르렀다.

신비한 황칠

국립해양문화재 연구소는 인천 영종도 부근에서 장보고 무역선으로 추정되는 선박(일명 영흥도선)을 발견하고 2013년과 2014년에 걸쳐 수중 발굴 작업을 진행했다. 영흥도선은 발굴 결과 8세기 통일 신라 시대의 배로 확인되었다. 이는 우리나라 40여 년의 수중발굴사상 가장 오래된 시기의 배인 것이다. 그동안 선박의 변천사를 보면 연안에서 운행되던 배들은 바닥이 평평한 모양을 한 평저선(平底船)이고, 대양을 오가며 국제무역을 하는데 안정성과 편리성이 있는 밑바닥이 뾰족한 첨저선(尖底船)인[5]데, 영흥도선은 평저선과 첨저선의 중간 형태인 준 첨저선의 형태를 띠고 있다.

영흥도선의 형태뿐만 아니라 발견된 유물 중에는 황칠이 있었다. 중국과의 귀한 교역품인 황칠의 존재로 인하여 국제무역선이라는 것을

---

5 첨저선의 대표적인 유형은 국제무역선으로 밝혀진 '신안'에서 발견된 선박이다.

또 한 번 입증해 주었다.

영흥도선에서 발견된 황칠은 넓은 주둥이를 지닌 작은 항아리 안에 들어 있었는데, 일부가 갈색으로 변색되기는 했으나 끈적거리는 원래의 액체 상태를 유지하고 있었다. '토기에 뚜껑이 닫혀 밀폐된 덕분에 여전히 은은한 향과 끈적끈적한 유기물 상태를 지속할 수 있었다. 성분 분석 결과 황칠 도료 성분과 80% 정도 일치한다.'고 조사 보고서에 적고 있다.

영흥도선의 침몰시기와 발견시기를 추정하면 거의 1500년의 세월이 흘렀는데 황칠이 거의 원형을 보존하고 있다는 것은 매우 놀라운 일이다.

황칠을 "천년의 신비"라고 하는 것이 결코 허언이 아님을 알 수 있

| 사진제공(황칠생산자협회 김준거 회장님, 황칠연구가 배철지 원장님)

을 것이다.

　장보고의 해상왕국은 바로 '청해진 완도'이고 삼국시대에는 백제 땅에 속하였다.

　백제라는 국명이 '백가제해(百家濟海)'에서 비롯되었다고 하는데, 백제는 삼국 시대에 가장 해양을 중시했다. 삼국 중 가장 먼저 황해연안항로를 장악하고 번영을 누릴 수 있었다. 백제 선박은 기록으로 남아있지 않아서 알기 어렵지만 통일 신라 시대로 이어졌음을 짐작할 수 있다. 신라가 삼국을 통일한 후 백제와 고구려의 조선술과 항해술을 더욱 발전시켰기 때문이다. 이는 또한 장보고가 해상왕국을 구축할 수 있는 기반으로 발전하게 된 것이다. 장보고 선단은 바로 이러한 선단으로 황해를 오가며 해상왕국을 건설하였던 것이다.

부귀의 상징

　황칠나무에 대한 역사적 기록은 주로 황칠수액인 '황칠'에 관해서 언급되었다. 황칠은 백제시대 때부터 통일신라, 고려, 조선에 이르기까지 중국에 보내는 조공품 목록에 서 빠지지 않았다. '황칠'자체로 진상하거나, '황칠을 한 갑옷'을 만들어 진상하였다. '황칠'은 '장보고 무역선단'에 의해 본격적으로 중국에 알려지면서 '신라칠'인 황칠은 주요 교역상품이 되었다. 황칠은 중국 황실과 부호 들이 탐내던 진귀한 품목이었고, 진시황제가 찾던 불로초라는 설 때문에 중국 황실과 부호들이 매우 선호하였다.

　중국뿐만 아니라 신라시대, 장보고 대사의 해상무역 활동시기에는

| 경주 황남동 금입택 유적지에서 발견된 황칠

완도에서 생산된 황칠이 경주에 까지 전달되었고 귀족들과 부호들의
집과 기물 들을 장식한 기록이 있다.

「삼국유사」[6]에 의하면 '신라 전성시대인 수도 경주에는.... 금입택
(金入宅)이 35채 있었다.'고 되었는데 이때가 장보고가 완도에 청해진
을 세우고 중국과 일본 및 멀리 페르시아까지 해상무역으로 번성하던
헌강왕 시대(875년~886년)를 말한다.

통일신라시대 경주에 사는 왕족을 포함한 귀족들은 매우 화려한
'금입택', 즉 황금 저택에서 살았는데 이는 통일신라의 부유함과 사치
함을 상징하는 것이다.

6 고려 중렬왕 7년(1281년) 승려 일연(一然)이 편찬한 사서

금입택에 대해 '금을 입힌 집' 내지는 '금이 들어가는 집' 정도로 해석하였는데, 2006년 국립경주문화재연구소가 경주 계림 북쪽 신라시대의 건물 유적을 조사하다가 땅속의 악한 기운을 누르려고 묻은 지진구(地鎭具)합을 수습하였다. 이 합에는 딱딱하게 굳은 황칠 덩어리가 있었다. 이는 신라의 금입택에 칠했던 도료가 황칠이었다고 추정되었다. 신라 귀족들은 황칠이 금처럼 황금빛을 띨 뿐만 아니라 귀한 품성이 벽사(辟邪)기능까지 있다고 믿었기에 자기 집에 칠하고 땅속에 묻었던 것이다.

왕실 제례의식 기물에 사용

탁월한 항균, 항산화 효과와 더불어 보존성이 우수하고 고유한 아름다운 황금빛을 지닌 황칠은 왕실의 제례의식의 진설7에 쓰이는 '소반이나 제기'에 사용되었다.

조선시대 국가에 경사가 있을 때 궁중에서 베푸는 연회에 관한 내용을 기록한 책인 「진연의궤」에 황칠로 만든 그릇(대원반, 소원반)과 소반, 탁자에 음식을 차렸다는 기록과 황칠을 칠한 목함을 사용하였다는 기록이 있다.

「세종실록(世宗實錄)」에는 '영면을 기리는 제례의식으로 하관을 고하는 천전의(遷奠儀)가 행해졌다. 이 때 기물(器物)로 자황칠 목잠(雌

---

7 제사나 잔치 때에 음식을 법식에 따라 상위에 차려 놓음

黃漆木箸) 자황칠 목채(雌黃漆木釵)가 하나씩 진설(제사나 잔치 때에 음식을 법식에 따라 상위에 차려 놓음)되었다.' 는 기록이 있다.

숙종 44년(1718)년 2월 17일에는 실록(實錄)과 인조 23년(1645)의 의궤(儀軌)를 참고하여 길의장(吉儀仗)에 '자칠목잠채(紫漆木簪釵) 1개와 함께 황칠목잠채(黃漆木簪釵) 1개를 사용하였다.'

관명전(觀明殿) 야진연(夜進宴)에서는 대전에 올리는 찬안(饌案)으로 황칠 고족 찬안 6좌(坐)를 상방에서 준비하였다. 관명전 익일 회작(會酌)에서는 대전에 올리는 찬안(饌案)으로 황칠 조각 고족 별대원반을 본청에서 준비하였다. 관명전 익일 야연(夜宴)에서는 대전에 올리는 찬안(饌案)으로 황칠 조각 대원반은 상방에서 준비하였다.

전(殿)의 북쪽 계단 위 북쪽 가까이에 남향으로 군막(軍幕)을 설치한 뒤에는 황칠로 된 서안(書案) 1좌, 연갑(硯匣) 1좌를 배설방에서 준비하였다. [8]

상방에서 준비한 황칠 관련 물목을 정리하연 대찬안 6좌, 협안(挾案) 4좌, 진작안(進爵案) 1좌, 협안 4좌, 진잔탁자 2좌, 황칠 대찬안 6좌, 황칠 수주정(壽酒亭) 1좌, 다정(茶亭) 1좌, 준대(樽臺) 1좌, 촛대 받침 2좌, 황칠 치사 탁자(黃漆致詞卓子), 진화 겸 취건 탁자(進花兼揮巾卓子) 각 1좌, 황칠 진화함 1부, 황칠 치사함, 찬품단자함, 진화함, 황칠 준화아가상(黃漆樽花阿架床) 1좌였다. [9]

8 진연의궤 제3권 배설(排設)
9 〈진연의궤 제2권 〉 찬품(饌品)

국제교역의 중요 품목

지정학적으로 우리 한반도는 중국이나 몽골로 부터 잦은 침략과 수탈을 받아왔다. 그럼에도 불구하고 5천년의 역사를 보존하면서 한 민족의 나라를 지켜왔다. 전쟁이 아닌 평화를 위해 대국들에게 바친 '공물'에는 그들 나라에는 없으나 우리나라에만 있는 진귀한 품목들이 있었는데 그 중 '황칠'은 빠지지 않고 등장한다.

황칠은 중국뿐만 아니라 몽골에까지 공물로 보냈다. 이탈리아 인 마르코폴로(1254~1324)는 「동방견문록」에 몽골에서 칭기즈 칸을 본 기록을 다음과 같이 적고 있다.

"칭기즈칸 테무진(1162~1227)의 갑옷과 천막은 황금색으로 빛나고 있는데, 이는 '황칠'이라는 비기(祕技)를 사용했기 때문이다. 궁전과 집 기류 등 황제의 것이 아니고는 누구도 사용치 못했으며 불화살로도 뚫을 수 없는 신비의 칠이라고 전한다."고 기록하고 있다.

「고려사절요」[10] 제15권, 제23대 고종 8년(1221)편에 중국으로 보내는 공물 황칠이이 언급되고 있다.

'몽골 황태제(皇太弟)가 저고여(著古與)등을 보내 와서 수달피 가죽 1만 령(領)과 가는 명주 3천 필, 가는 모시 2천 필, 면자(綿子)1만 근(觔), 용단먹(龍團墨)1천 정(丁), 붓 2백관(管), 종이 10만 장(張), 자초(紫草) 5근, 홍화(紅花), 남순(藍筍), 주홍(朱紅) 각 50근, 자황(紫黃), 광칠(光漆), 오동나무기름 각 10근을 요구하였다. 충렬왕 8년 5월에 좌랑 이

10 조선의 제5대 문종 2년(1452년) 김종서 등이 「고려사」를 요점만 발췌하여 기록

행검(李行儉)을 원나라에 보내어 황칠을 바쳤다.'는 기록이 있다. 여기에 '광칠(光漆)'은 '황금빛이 나는 칠, 황칠'로 해석되고 있다.

「동사강목」[11] 제11하: 제24대 원종 12년(1271)에는 '몽골이 비사치(必奢侈)흑구(黑狗),이추(李樞) 등을 보내와 궁실(宮室)의 재목을 요구하였다. 또 성지(省旨) 중서성(中書省)의 명(命)으로, 금칠(金漆), 청등팔랑충(青藤八郎蟲), 비목(榧木), 비실(榧實), 동백실(桐柏實), 노태목(奴台木), 해죽(海竹), 동백죽점(冬柏竹簟), 오매화리등석(烏梅華梨藤席) 따위 물건을 요구하였다.

추는 상장군 응공(應公)의 아들인데, 몽골로 도망해 들어가, 본국의 토산물 중에 형용할 수 없는 희귀하고 진기한 물건이 있다고 거짓 아뢰니, 황제가 믿고 요구한 것이다. 드디어 금칠 10항(缸)과 비목 노태목 등을 바쳤는데, 추가 청등팔랑충은 교동(喬桐) 진도(珍島) 남해(南海) 등에 난다고 말하니 가서 찾았으나 얻지 못하였고, 오매화리등석은 토산은 아니나 송(宋)의 상인이 바친 것이 있으므로 아울러 바쳤다.

고려 원종 12년(1271년)에는 '우리나라가 저축하였던 황칠은 강화도에서 육지로 나올 때 모두 잃어버렸다. 그 황칠의 산지는 남해 바다의 섬들이다. 그런데 요사이는 일본왜적들이 왕래하는 곳이 되었으니 앞으로 틈을 보아서 가져다가 보내겠다. 우선 가지고 있는 열 항아리를 먼저 보낸다.'고 하였으며, 고려 충렬왕 2년(1276년)에는 직접 사신

---

[11] 1778년 조선후기 문신 실학자 안정복이 단군조선부터 고려 말까지를 다룬 통사적인 역사서.

을 파견하여 황칠을 중국에 보냈다는 기록이 있다.

고대 중국의 역사서와 지리서에서 황칠에 대한 기록이 많이 서술되어 있다.

송나라 사절의 한 사람으로 고려에 왔던 서긍이 저술한 견문록인 「고려도경(高麗圖經)」 황칠이 나주 목의 조공품이라고 기록되어 있다.

'그 땅에 솔이 잘 자라 복령(茯苓)이 나고, 산이 깊어서 유

I 천연기념물 제479호 보길도 황칠나무

황(流黃)이 나며, 나주(羅州)에서는 백부자(白附子), 황칠(黃漆)이 나는데 모두 조공품(土貢)이다.'라는 기록이 있으며, 고려의 충렬왕은 1282년에 좌랑(佐郞) 이행검(李行儉)을 원(元)나라에 보내어 황칠(黃漆)을 바쳤다.

최첨단 전투복 '명강개'

황칠은 목제품에 바르는 면 그 빛이 수려하거니와 음식을 오래 보존할 수 있어 식기로써도 매우 훌륭한 도료였다. 한편 백제시대부터 황칠을 입힌 갑옷을 만들어 중국에 조공품으로 보냈다는 것을 보면,

I 공주 공산성에서 출토된 황칠갑옷 정관 십구 년(645년) 사월이십일일

전투복으로서 그 위용을 짐작할 수 있다.

「해동역사」에 의하면, '당 태종(唐 太宗)이 정관(貞觀)19년(백제의 의자왕9년, 서기645년)에 백제에 사신을 파견하여 금칠(金漆)을 채취하여 산문갑(山門甲)에 칠하였다.'[12]는 내용이 있으며, 여러 역사 연구자들은 여기서 말하는 금칠은 황칠이라고 해석하고 있다. 이 시기라면 당태종이 고구려를 치기 위해 백제로부터 연합작전을 요구받았을 대였고 백제는 신라를 견제할 필요가 있었기 때문에 조공의 형태로 황칠 갑옷을 보냈던 것으로 보인다. 가죽을 오려 갑옷을 만들고 여기에 여러

---

12 1005~1013년에 왕흠약(王欽若)과 양억(楊億)이 지은 중국 육조 당 오대의 사료집인 「책부원구(册府元龜)」

번에 걸쳐 황칠을 입히면 부드러운 가죽이 단단해져서 철갑보다 더 단단해졌던 것이다. 더욱이 황금빛 광채가 났으니 지휘자로서는 최고의 권위를 내세울 수 있었다.

신당서에는 "백제에 삼도가 있는데 황칠이 생산된다, 유월에 수액을 채취하여 바르면 그 빛이 금같이 반짝인다." 고 하였다. '삼국사절요'의 기록을 보면 "신라 선덕왕 14년, 고구려 보장왕 4년, 백제 의자왕 5년, 정관 19년, 이세민 645년 이때에 백제에서 금개(金鎧-금빛 나는 갑옷)를 바쳤고 현금(玄金-쇠)으로 문개(文鎧-무늬 있는 갑옷)를 만들어 사졸들에게 입혀 따르게 하였는데, 당태종이 이세적과 만나자 갑옷의 광채가 해에 빛났다"라고 되어 있다. 황칠을 갑옷에 칠하여 햇빛에 현란한 황금빛이 명광개를 입은 모습을 묘사한것이다.

명광개(明光鎧) 복원품

| 명강개 복원작업

황칠갑옷은 그 휘황찬 금빛 때문에 상대를 압도할 수 있었을 뿐만 아니라, 황칠이 가지고 있는 탁월한 항산화, 항염 기능으로 세탁할 수 없는 갑옷에 매우 바람직한 역할을 했을 것이다. 또한 황칠의 안식향이 오랫동안 전투에서

피폐해질 수 있는 심신 안정과 피로 회복에 도움을 주었을 것이므로 황칠전투복은 또 하나의 최첨단 무기로 인식되었을 것이다.

역사서에만 기록되었던 명강개의 실체는 2011년 10월 '공주 공산성 내 성안마을 발굴조사'과정에서 '칠을 한 갑옷'이 출토됨으로써 세상에 알려지게 되었다.

천 편이 넘는 갑옷 조각들의 표면에 0.4mm정도의 두꺼운 칠이 덮여 있었고, 갑옷의 가슴부위에는 붉은 색의 글씨가 새겨져 있었다. 당태종 연호인 '정관 19년'이 새겨져 있었는데, 이는 서기 645년 백제 의자왕 재위5년이다. 지금부터 약 1500년 전의 물건이라고는 보기 어려울 정도로 글자가 또렷하고 땅속에서 오랜 세월을 묻혀 있었는데도 색도 거의 바래지 않았다. 학계에서는 '이렇게 보존상태가 좋았던 이유는 황칠 때문이라고 한다. 갑옷의 표면을 황칠로 여러 번 덧칠하면, 웬만한 화살 공격은 모두 막아내며 갑옷이 부식되는 것을 막아주었기 때문에 주로 장군이상의 갑옷에만 사용되었다고 한다.

황칠갑옷은 철제갑옷과 달리 가죽으로 만들었는데 철제 갑옷보다 더 가볍고 얇으면서도 단단함은 철제갑옷과 차이가 없었다고 하니 기동력이 중요했던 당시 전쟁을 고려한다면 첨단 신 전투무기였던 셈이다.

황칠나무의 효능

황칠나무의 주요성분

대체로 사람들이 황칠나무에 대해서 가장 궁금해 하는 것은 황칠나무의 성분과 약효이다. 만병통치약이라고 불리는데 어떤 성분이 그러한 약리작용을 하는가 하는 점은 학계에서도 꾸준히 관심을 갖고 있는 부분이다.

황칠나무는 학명 자체가 '덴드로파낙스(Dendropanax)'로서 예로부터 만명통치 나무라고 불려왔기에 한방치료에 다양하게 사용되어 왔고 최근 의학계에서도 황칠나무의 유효성분에 주목하고 다양한 연구가 이루어지고 있다.

황칠의 고유 물성(物性)을 화학식으로 표현하면 다음과 같다.

$$d_{15}^{15}\ 0.9416 : n_D^{20}\ 1.50151 : a_D^{60} + 4\,°50$$

- 산화가: 44, 검화가: 11.73
- 에스텔가: 11.29, 산화 후의 에스텔가: 51.55
- 에스테르($C_{10}H_7OCoCH$로서): 3.95%
- 알코올($C_{15}H_{26}O$로서): 21.26%
- 용해도(21℃): 95%의 알코올 0.9용량에서 투명하게 용해된다.

황칠나무 잎과 종실의 일반 성분을 분석한 결과[1] 수분은 잎에 70.2%, 종실에 72.6%, 지방은 종실에 0.6%, 잎에 2.7%, 회분은 잎에 1.7%, 종실에 0.9% 들어 있는 것으로 분석되었다. 또한 단백질은 잎에 1.2%, 종실에 6.2%, 섬유는 잎에 5.1%, 종실에 9.0%가 들어 있었다. 총 비타민은 잎(56.9g)이 종실(10.7㎎)보다 더 많이 들어 있고, 수용성탄닌 함량도 잎(746.1㎎)이 종실(60.7㎎)보다 더 높았다.

잎과 종실에 들어 있는 유리당은 주로 sucrose, glucose 및 fructose로 구성되어 있었으며 종실에는 잎에서 검출되지 않은 turanose와 xylose가 적은 양이지만 검출되었다.

지방산 조성은 불포화 지방산의 함유율이 더 높았으나 잎과 종실에 가장 많이 들어 있는 포화 지방산 및 불포화 지방산은 서로 달라 지방산 조성이 약간 차이가 있다. 유리 아미노산 함량은 낮은 편이고

---

1 김형량, 정희종, [KISTI 연계] 한국농화학회지, 63-66

주요 아미노산은 잎과 종실 모두 arginine, aspartic acid, glutamic acid등으로 비슷하였으며, 무기 성분은 잎에는 칼슘, 종실에는 칼륨이 가장 많이 들어갔다.

그러나 이와 같은 화학식이 황칠나무가 가지고 있는 신비로운 약리 작용의 근거를 모두 설명해 줄 수는 없다.

예를 들면, 우리가 먹는 쌀을 가공하기 전 볍씨를 성분 분석하면 단백질, 탄수화물, 지방과 더불어 기타 미세한 성분 들을 추출 할 수 있다. 그 어떤 특정 성분이 볍씨를 심으면 다시 생명으로 싹을 틔울 수 있다고 말 할 수 없는 것처럼, 황칠나무에도 배태되어 있는 신비한 성 분과 우주가 지닌 지(地),수(水,) 화(火), 풍(風)과 더불어 인체의 신비 가 결합하여 다양하게 나타날 수 있기 때문에 일부 과학적인 사실만 황칠나무의 성분을 모두 이해하기는 어렵다는 것이다.

지금까지 여러 논문에서 황칠나무의 주요 성분들이 밝혀지고 있다. 여러 연구자들에 의하여 다양한 성분들이 추출되었는데, 정병석 교수 외[2], 조성동 교수 등[3],

황칠나무를 만병통치약으로 불리는 근거들인 주요 성분인 알파-쿠 베벤(α-Cubebene)은 간질, 신경장애, 히스테리, 실신, 편두통, 우울증 치료에 쓰이며, 베타-엘에멘(β-Elemene의 경우 중앙 신경계와 호르몬계 를 자극하여 남성 호르몬제와 우울증 치료에 사용된다.

또한 베타-셀리넨(β-selinene)은 식욕자극제와 구토와 설사에 효

2 정병석, 조종수, 표병식, 황백, 황칠나무의 분포 및 황칠의 성분 분석에 관한 연구, 한국 생물공학회지 제10권 제4호, 1995
3 전라남도 조성동 외, 고유 농수산 품목 세계화 대상 품목의 연구 조사, 1996.

과적이며, 알파-무롤렌(α-Muurolene은 소화기질환, 강장제, 발한제, 진정제 등에 쓰이고 있다.

그리고 케르마크 디(Germacrene D) 성분은 신경통, 월경불순, 두통, 혈뇨치료 및 지혈 등에 쓰이고 있으며, 베타-시토스테롤(β-Sitosterol)은 전립선 비대증 치료제(시토닐)의 주요성분이다.

황칠나무가 지닌 성분분석에 관한 여러 연구 논문에서 공통적으로 나타나고 있는 주요 성분을 보면 황칠나무의 약리작용에 대해 알 수가 있다. 이러한 성분들은 의약품과 화장품 등의 주요 원료로써 활용되고 있다.

(1) 베타-셀리넨(β-Selinene)

베타 셀리넨은 황칠수액 중 가장 많이 들어 있는 성분이며, 수액 뿐만 아니라 잎에서도 추출된다. 일반적으로 강력한 항산화물질로 알려져 있으며, 우리 체내의 유해산소(활성산소)를 제거하는 효과를 발휘하여 세포의 노화를 방지한다. 이 성분은 식욕자극 구토 후 치료 설사 치료 열과 오한 치료에 효과적이다.

2) 알파-셀리넨(α-Selinene)

잎과 수액의 향기성분 등에 함유되어 있고, 대사 작용을 활발하게 해주는 성분으로서 에센스오일 등에 활용된다.

(3) 감마-셀리넨(Γ-Selinene)

감마 셀리넨 성분은 잎과 수액에서 주로 추출(11.5%)되었으며 모두 존재하며 베타-셀리넨과 함께 항산화 작용을 하는 것으로 알려져 있다. 신라의 천마총에도 황칠이 출토되었다는 기록이 있는데 유물들이 썩지 않고 오랜 시간 보존될 수 있는 이유로 이 성분을 주목하고 있다.

(4) 베타-엘에멘(β - Elemene)

주로 수리취, 케모마일과 같은 허브 식물의 에센스 오일에서 발견되는 정유성분이다. 구역질을 멈추게 하고 종양 제거에 효과적이며 소화불량을 개선하고 지혈제로도 매우 효과적이다.

황칠나무 주요성분 중에서도 베타-엘에멘 성분에 주목하고 있는데 중앙 신경계와 호르몬계를 자극하여 남성호르몬 조절과 우울증 치료제에 사용되고 있다.

(5) 알파-엘에멘(α - Elemene)

알파 엘레멘 성분은 항진균, 항헬리코박터파이로리 등에 효과가 있어 항생물질 내성억제 등에 활용된다.

(6) 카리오필렌 옥시드(Caryophyllene oxide)

카시오필렌산은 황칠나무 주로 생잎에서 가장 많이 검출된 성분(59%) 이다. 지금까지 여러 연구에서 카리오필렌산 성분이 L우울증, 히스테리, 신경장애, 불면증, 간질, 편두통, 현기증 등의 치료에 유효한 것으로 알려져 있다. 또한 열 항진 혈액순환 작용을 하며 심장 위통 헛배 부름 등의 소화기계통에도 작용하며 여성 생식 계를 도와 월경주기 동안의 긴장과 복통을 완화시키는 치료제에도 활용되고 있다.

(7) 이소후물렌(Isohumulene)

이소후물렌 성분은 말린 잎이나 생잎에서 모두 많이 검출되는 성분이다. 방향(향기)성분으로 작용한다. 이소후물렌의 유도체는 맥주산업에서 맥주 맛을 결정하는 매우 중요한 역할을 하는 것으로 알려져 있다.

(8) 후물렌 이포사이드(Humulene Epoxiden)

후물렌 이포사이드 성분은 생잎에 있는 주성분 중 하나이다. 방향성분으로 작용하며, 곤충으로부터 자기방어 물질로 작용한다.

(9) 알파-무롤렌(α-Muurolene)

알파 무롤렌 성분은 황칠 수액에서 검출(8.5%)되었다. 이는 신경을 안정시키고 히스테리를 진정시키며 소화성 질환 치료에도 이용된다. 또한 강장제 진통제의 특성을 가지며 감정을 완화하고 진정시키는데 매우 효과적이며 관절 류머티즘 등에도 효과가 있는 것으로 알려져 있다.

(10) 감마-무롤렌(Γ-Muurolene)

두통, 신경장애, 불안, 히스테리 등의 치료에 이용된다.

(11) 감마-카디넨(Γ-Cadinene)

잎과 수액에 모두 존재하며 살균작용이 100배이상 250배 까지 증가하는 항균작용 상승효과가 있다. 건위, 구토를 멎게 하는데 작용한다.

(12) 알파-트렌스-베르가모텐(*α*-trans-Bergamotene)

이 성분은 황칠나무 잎에서 주로 검출(12.4%)되는 정유 성분이다.

(13) 트렌스-베타-구아이엔(Treans-*β* - Guainene)

수액에서 검출되며 쓴맛과 약한 장작 냄새 난다.

(14) 셀리-11-엔-4 알피-01(Seline-11-en-4 *α* - 01)

수액과 잎에 모두 있는 정유성분이다.

(15) 베타 쿠베밴(*β*-Cubebene)

잎에 다량 들어 있는 방향 성분이다. 식욕 자극제, 구토와 설사, 임신 중의 구토 등에 효과가 있다.

(16) 게르마크렌 디(Germacrene D)

정유 성분이며 향료로 쓰인다. 나이지리아에서 민간 의약품으로 사용하는 나무에서도 같은 물질이 검출되었으며 홍화씨 정유에도 들어있다. 긴장완화에도 효과가 있고 이뇨제 신경 진정제 사용된다. 신경통, 월경분순, 두통, 혈뇨 등을 치료하는데 쓰이며, 출산의 고통을 덜어주고 불면증, 신경 장애 히스테리, 우울증, 취통 치료에 효과적이다.

(17) 1-에피-쿠베놀(1-epi-Cubenol)

수액에 있는 방향 성분이며 침엽수 잎의 정유에 많이 함유된 성분이기도 하다. 기능은 생리활성을 돕는 물질이다.

(18) 카리오피렌올Ⅱ(Caryophollenol Ⅱ)

페퍼민트 오일 성분으로 향긋한 박하향이 특성이다. 기능은 류머티즘 치료, 이질치료, 항바이러스, 항균 작용 등 의학용으로 사용되는데 미국에서는 연간 5,000파운드의 카리오피렌올이 향료로 사용되고 있다.

(19) 에피-알파-카디놀(Epi - α - Cadinon)

호르몬의 일종이며 냄새가 없다.

(20) 알파-후물렌(α-Humulene)

염증 및 항알레르기 작용을 하는 정유 성분으로 화장품 산업에서 유용하게 사용된다.

(21) 알파-랑겐(α-Ylangene)

정유에서 분리된다. 구역질을 멈추게 하고 소화 촉진과 식욕 자극 가스 제거 등에 효과적이다.

(22) 트렌스-카라메넨 에이(Treans-Calamenene A)

여러 식물에 존재하는데 위장관 궤양치료, 골절 치료, 지혈제로서 출산 후 여성의 내부 출혈을 멈추는데 사용한다.

(23) 알파-카야넨(α-Cadinene)

침엽수 솔잎에 많이 존재하는 정유 성분이다. 에센스오일, 향료 산업에 유용하게 쓰인다.

(24) 에틸-z- 3 헤센노에이트(Ethyl-z-3-Hexennoate)

잎에서 미량 검출되는데 부드러운 향기를 가지고 있다. 열대 과일 향의 주성분이며 파인애플 향기를 결정하는 성분이기도하다. 식품가 공 시 향로로 이용된다.

(25) z-3-헤센- 1 - 0 1 (z- 3 -Hexen-01)

잎에서 소량 검출되는데 식물냄새를 결정짓는 성분이다. 차 음료 산업에서 중요한 화합물로 쓰인다.

(26) E-2-헤센올(E-2-Hexeal)

차의 주된 향기 성분이며 사과향의 특성도 가지고 있는 성분이다.

(27) 베타 시토스테롤(β-sitosterol)

전립선 비대증, 전립선염, 신경성전립선 질환, 전립선 수술전후 방광기능장애(배뇨장애, 야뇨증, 요실금 증, 빈뇨증 등) 치료제로 사용되는 전립선 비대증 치료제의 주성분이다.

이밖에도 소량 들어있는 성분이 많은데 이들의 기능에 대하여 향후 더욱 많은 연구가 이루어진다면 활용도가 훨씬 높아질 것으로 기대한다.

황칠나무의 주요 효능

최근 세계화에 따라 육류섭취가 증가하는 등 식생활의 다양한 변화와 더불어 늘어나는 각종 성인병 퇴치를 위한 자연 건강식의 개발과 기능성을 갖는 식품에 대한 요구가 커지고 있다. 특히 식료품으로부터 유래하는 생리활성을 나타내는 기능성 식품에 대한 연구가 최대의 관심사가 되고 있다.

황칠나무의 식물분류학적 학명이 '덴드로파낙스'라는 것이 허명(虛名)이 아님을 많은 과학적 연구보고서에서 증명하고 있다. 100여 편의 논문과 50여 건의 특허 내용을 조사한 바에 의하면 황칠의 효능은 혈(血), 간(肝), 항산화, 뼈와 치아, 면역력, 신경안정, 항균성, 항암력 등에 효능이 있는 것으로 밝혀졌다.

(1) 피를 맑게 하는 정혈 기능

만병의 근원은 혈액순환이 원활하지 못한 탓이다. 황칠은 피를 맑게 하고 혈액순환을 원활하게 하는 것으로 나타났다. 따라서 혈류이상과 관련된 고혈압, 중풍, 뇌혈관 질환, 동맥경화, 관상동맥 질환, 고지혈증, 중성지방, 편두통, 손발 저림, 손발 냉증 및 생리불순 증상에 유용한 것으로 보인다.

한국약용작물학회 2009년도 심포지엄에서 발표된 문형인 등의 논문 「황칠 정유성분의 항고지혈(抗高脂血) 활성」[4]을 보면, 황칠나무의 뿌리, 잎, 열매, 줄기는 두통, 전염병, 전신허약증의 민간요법으로 사용되는데, 황칠나무 줄기로부터 분리한 폴리아세틸린 성분이 면역력과

---

4 「Antiatherogenic activity of Dendropanax morbifera essential oil in rats(황칠 정유 성분의 항 동맥경화 효능)」,Chung IM, Kim MY, Park WH, Moon HI, 2009: 해외의학저널 『Pharmazie, 2009 Aug』 64(8):547-9

인삼이나 산삼이 허한 기를 채워주는 보양제라면,

황칠은 불균형한 영양과 기운을
균형 있게 맞춰주는 자연치유 약재

＊ 아래 내용은 많은 과학자들의 각종 연구논문등이 밝혀낸 황칠의 효능을 유형별로 정리한 것입니다.

정혈(淨血) 작용

혈액순환을 돕고, 고지혈증을 유발하는
나쁜 콜레스테롤과 중성지방의 수치를 낮춰주어
피를 맑게 하고 혈류,혈압,동맥,생식 기능을
증진시키는데 도움이 될 수 있습니다.

경 조직(뼈, 치아) 재생

뼈와 치아의 기능을 증진시켜 충치, 자주질환,
곤다공증, 관절염 등의 발생 위험을 감소시키고
조골세포(뼈를 만드는 세포) 증식을 촉진시켜
어린이 성장에 도움이 될 수 있습니다.

면역력 증진

황칠은 면역세포 생육을 촉진시켜
각종 질병을 야기하는 원인물에
초기 면역체계 및 생체방어체계를
강화하는데 도움을 줍니다.

간(肝) 기능 개선

간의 기능을 증진하여
숙취해소, 피로회복, 해독작용
및 기억력 증진시키는데
도움이 될 수 있습니다.

항균 작용

말라리아균, 식품 부패에
관여하는 균들에 대한 항미생물
항 생에 도움이 될 수 있습니다.

암세포 증식 억제

간암세포, 유방암세포, 폐암세포, 위암세포,
백혈병세포의 증식을 억제하고
암 발생 위험생을 감소시키는데
도움이 될 수 있습니다.

항산화 작용

자외선이나 산돌적 스트레스로 인해
체내에 만들어지는 활성산소로부터
세포를 보호하는 항산화작용이 있어
노화방지, 피부미백, 주름방지 기능을
증진하는데 도움이 될 수 있습니다.

신경 안정

신경 안정 효능이 있어
이유없이 우울하거나 잠을 편히 못자거나
스트레스가 심한 분들에 도움이 될 수 있습니다.

황칠
효능

관련 항보체 기능을 활성화 하는데 도움을 주는 것으로 밝혀졌다.

황칠나무는 여러 질병에 대해서 전통약제로 사용 됨, 쥐 실험에서 황칠의 혈압개선 효능을 밝혀냄. 총 콜레스테롤, 트리글리세리드(중성지방: 콜레스테롤과 함께 동맥경화를 일으키는 혈중지방성분의 하나), 저밀도 콜레스테롤(LDL:고지혈증을 유발하는, 몸에 나쁜 콜레스테롤) 수치를 감소시킴. 그러나 고밀도 콜레스테롤(HDL: 몸에 좋은 콜레스테롤) 수치는 증가시킴. 황칠은 지질의 의미 있는 저하 효능이 있고, 새롭고 안전하고 효과적인 천연 심장 보호제를 연구함에 있어 고려되어야만 할 유망한 소재라고 할 수 있다.

> ### 황칠나무 잎을 이용한 PRAR α, γ 및 δ 활성물질 및 그 추출방법
>
> - 출원인: 이종수
> - 출원번호: 1020110125274(2011. 11. 28)
> - 공개번호: 1020130059128(2013. 06. 05)
> - 발명자: 이종수, 류재하
>
> 글루코스의 항상성을 조절하는 PPAR α, γ 및 δ의 활성을 증대시키는 작용이 우수하여 인슐린 저항증 및 당뇨병과 관련된 고혈당증 치료 및 예방을 위한 의약품, 기능성 식품 및 식품첨가물로 유용한 PPAR α, γ 및 δ 활성물질 및 그 추출방법에 관한 것으로, 더욱 상세하게는 황칠나무 잎을 함수알코올로 추출하여 농축액을 제조하는 농축단계 및 상기 농축단계에서 얻어진 농

축액을 비극성 용매로 분획하는 분획물제조단계로 이루어지며,
이러한 추출방법을 통해 추출된 활성물질은 글루코스의 항상성
을 조절하는 PPAR α, γ및 δ의 활성을 증대시키는 탁월한 효과
를 나타낸다.

(2) 항암 및 암세포 증식 억제기능

전남대 연구보고서(농림부 발행) '황칠의 안정적 생산기술개발 및 황
칠나무 기원의 생리활성물질 탐색'에 의하면, 황칠추출물이 실험결과
간암, 폐암, 위암, 유방암, 백혈병 세포의 증식 억제 효과가 있다고 하
였다.

백혈병 세포에서 세포증식 억제효과가 두드러지게 나타났고, 황칠
로 처리된 백혈병 세포들의 형태학적 관찰 결과 세포의 크기가 줄어들
며 핵의 모양이 불규칙하고 부분적인 핵의 응집현상을 관찰할 수 있어
세포 사멸 유도에 의한 암세포 성장 억제재임을 확인했다.

Hep3B(간암세포), MCF(유방암 세포), A549(폐암세포), ASG(위암
세포)에 대한 생육 억제율은 각각 73, 63, 71%로 높게 나타났으며 선
택도(암세포에 대한 생육 억제활성/일반 세포에 대한 독성)도 간암세포
5.5, 유방암 세포 4.3으로 높게 나타났다.

또한, HL-60과 Jurkat 세포(백혈병 세포들) 모두에서 세포증식 억제
효과가 두드러지게 나타났고, 황칠로 처리된 백혈병 세포들의 형태학
적 관찰을 실시한 결과, 세포의 크기가 축소되며 핵의 모양이 불규칙

하고 부분적인 핵의 응집현상을 관찰할 수 있었다. 이는 bvb 세포사멸(Apoptosis: 세포가 스스로를 파괴하는 메커니즘) 유도에 의한 암세포 성장억제임을 확인했다. 이를 근거로 '생리활성이 뛰어난 황칠나무의 종실추출물'에 대한 특허를 받은 바 있다.

「항암 활성을 가지는 황칠나무 추출물」(곽상수·문제학 외, 1998), 「생리 활성이 뛰어난 황칠나무의 종실 추출물」(김세재·정완석 외, 2005),

황칠나무 추출물은 항암 활성과 항산화 활성도 및 활성산소 제거 기능을 통해 암을 예방하고 노화를 방지하는 효과가 탁월하다.

항암 활성을 가지는 황칠나무 추출 특허

- 출원인: 한국과학기술연구원
- 출원일자: 1998. 06. 30
- 등록번호: 1003180190000(2001. 12. 06)
- 발명자: 곽상수, 김명조, 문제학 등

항암 및 항산화활성을 가지는 황칠나무 추출물에 관한 것으로서, 우리나라에서 생산되는 천연 도료 황칠의 원료인 황칠나무(Dendropanax morbifera Lev.) 또는 그 수액을 저급 알코올로 추출하고 다시 핵산, 에틸아세테이트 및 부탄올 등을 사용하여 순차적으로 분획한 황칠나무 추출물로 구성되며, 상기 추출물은 탁월한 항암활성에 더하여 항산화활성도 나타내므로 기능성 건강식품으로 유용하게 사용될 수 있다.

(3) 간 보호, 간 기능 개선

간은 해독, 영양소의 대사, 저장 등의 작용을 하는 생명유지에 불가결한 장기이다. 황칠은 간 기능을 개선하여 숙취해소, 피로 회복, 각종 해독작용, 무기력하고 의욕이 없을 때 유효하다. 황칠 추출물 또는 그 분획물은 우수한 간세포 보호 효과를 갖고 있기 때문에 지방간, 간염, 간경화 등과 같이 간세포 보호와 관련된 질환의 예방 및 치료를 목적으로 기존의 치료제에 대체 또는 병용하여 사용할 수 있다.

또한, 「간세포 보호 효과를 갖는 황칠 추출물, 황칠 분획물 및 이들을 함유한 약학 조성물」에 관한 연구[5], 「황칠나무 추출물을 포함하는 간질환 치료용 약학 조성물」에 관한 연구[6] 특허가 이를 입증하고 있다.

「황칠나무 추출물이 12주간 음용한 비알코올성 지방간(NAFLD) 비만 대학생들에게 미치는 영향」[7]에 관한 연구 및 백운봉 경희대 교수의 논문(2003. p31, p.37) 「한국 특산품 황칠의 생리활성 연구」에 의하면 GOT(GPT와 함께 간세포에 있는 효소로서 이 수치는 간세포의 염증 정도를 판단하는 기준이 됨)의 경우 현저한 감소를 보였고, GPT의 경우에도 현저한 감소를 보였다. 특히 황칠 헥산 분획물의 투여의 경우 GOT, GPT 모두 정상 값에 가깝게 감소되어 에탄올(에틸알코올, 술의

---

5 정세영, 2002
6 박소연, 2012
7 김대건 한국엔터테인먼트산업학회, 한국엔터테인먼트산업학회논문지 6(3) 2012.9,
   142-146(5 pages)

주성분)에 의한 간 손상 보호 효능이 매우 탁월함을 알 수 있었다. 또한 ALP(알칼리성 포스파타아제: 체내 효소로서 그 수치가 높을 경우 간 기능. 뼈 등의 질환을 의심)의 경우도 현저하게 감소하였다. 따라서 에탄올 투여에 의한 간 기능 손상으로부터 간세포를 보호하는 것을 알 수 있었다.

또한 황칠 추출물 및 그 분획물들을 투여하고 간세포의 MDA(말론디알데하이드:유해한 지질과산화물의 일종)의 농도를 측정한 결과, MDA의 유의성 있는 감소를 보였다. 특히 황칠부탄올 및 클로로포름 분획물(황칠을 부탄올 및 클로로포름으로 분리획득)이 50%이상 과산화지질(불포화지방산이 산소를 흡수하여 산화된 물질로서 노화와 각종 질병의 원인이 됨) 생성을 억제하여 간 보호 작용을 나타냄을 알 수 있다.

황칠나무 꽃에서 얻은 정유성분은 Wistar rats 모델에서 혈청 총 콜레스테롤(TC), 트리글리세리드 (triglyceride, TG), LDL 콜레스테롤은 감소시키고 HDL 콜레스테롤 함량을 증가시키며, 황칠나무 추출물은 비알콜성 지방간을 가진 비만 대학생들을 대상으로 진행한 연구에서 AST와 ALT 감소에 효과가 있다는 연구결과도 있다(Chung et al., 2009: Kim, 2012)

특히, 「간세포 보호 효과를 갖는 황칠 추출물, 황칠 분획물 및 이들을 함유한 약학 조성물」에 관한 특허(정세영)에 의하면 황칠나무 생리활성물질이 부작용을 보이지 않으면서 간세포 보호효과를 갖고 있기 때문에 지방간, 간염 간경화 등과 같이 간세포 보호와 관련된 질환의 예방 및 치료를 목적으로 기존의 치료제에 대체 또는 병행하여 안심하고 사용할 수 있다는 점은 매우 고무적이다.

간세포 보호 효과를 갖는 황칠 추출물, 황칠 분획물 및 이들을 함유한 약학 조성물

- 출원인: 주식회사 디피바이오텍
- 출원번호: 2002. 04. 02
- 등록번호: 1004944820000(2005. 06. 01)
- 발명자 : 정세영

간세포 보호 효과를 갖는 황칠 추출물에 관한 것으로, 지방간, 간염, 간경화 등과 같은 간질환을 예방 및 치료할 수 있는 황칠 추출물과 그 분획물 및 이들을 함유한 약학 조성물과 기능성 식품에 관한 것이다.

황칠나무 추출물을 포함하는 간질환 치료용 약학 조성물

- 출원인 : 박소현
- 출원일자 : 2012. 02. 07
- 등록번호 : 1011949470000(2012. 10. 19)

황칠 추출물을 포함하는 간질환 치료용 또는 예방용 약학 조성물에 관한 것으로서, 보다 구체적으로는 지방간, 간염, 간경화 등과 같은 간질환을 예방 및 치료할 수 있는 약학 조성물에 관한 것이다. 본 발명의 황칠나무의 가지 및 잎의 유기 용매 추출

물을 포함하는 조성물은 천연물에서 유래한 것으로 부작용이 없으며 간암 세포를 현저하게 억제하므로 간암치료제 및 관련 질환의 치료용 약학 조성물의 성분으로 이용할 수 있다.

(4) 당뇨치료 기능

황칠나무 잎에서 추출한 성분이 당뇨치료에 효과적인 것으로 나타났다(문형인, 2010).

이에 대하여 서울대 김성원 박사는 기존의 당뇨 치료약(글리벤클라마이드)을 능가 하는 효과가 있으며, 투입량 증가에 따라 혈당수치가 통계적으로 의미 있게 감소하였고, 정상인에게 투여해도 저혈당 증세가 일어나지 않는다고 했다. 또한 혈당은 낮추는 반면 인슐린 분비는 촉진되며, 2주 만에 이와 같은 효과를 볼 수 있다는 것은 매우 획기적인 사례라고 하였다.

또한 중성지방 수치까지 낮아지고 콜레스테롤 수치도 정상화 된 것으로 보이며, 당뇨에 효과가 있을 뿐 아니라 신약개발 가능성까지 보여준다고 하였다. 생약성분이기 때문에 화학 합성약이 유발하는 부작용과 비교하면 매우 의미 있는 결과이며 인삼도 이 정도의 결과는 보여주지 못하였다.

Antidiabetic effects of Dendropanax morbifera Leveille in normal and streptozotocin-induced diabetic rats : 정상 쥐와 당뇨유도 쥐에 있어서 황칠나무 잎에서 추출한 황칠 성분의 항당뇨 효능」

문형인 : 2010. 8. 17. (Human & Experimental Toxicology)의 논문에서 황칠나무 잎에서 추출한 황칠성분은 당뇨 유도 쥐의 혈당을 의미 있게 낮추는 효능을 보였는데, 혈당과 총 콜레스테롤, 트리글리세리드 (혈중지방성분), 요소, 요산, 크레아티닌(혈액 속의 백색 결정), AST, ALT(둘 다 간 염증과 관련된 효소)를 의미 있게 감소시켰던 반면, 인슐린(췌장에서 생성되며 혈당량을 조절함)은 증가시켰다. 그러나 정상 쥐에 있어서는 그렇지 않았다. 황칠 성분과 잘 알려진 당뇨병 치료제인 글리벤클라마이드를 비교해 보았는데, 황칠 성분의 항당뇨 효능이 글리벤클라이마이드로 관찰된 효능보다 더 효과적이었다.

Growth Characteristics of Dendropanax morbifera in Chonnam, Seongkyu Choi, KyeongWon Yun, Jong ll Lee 한국자원식물학회, Plant Resources5(2), 2002. 8, 165-168(4 pages) 논문에서는 황칠나무 잎에서 추출한 황칠 성분은 유도 쥐의 혈당을 의미 있게 낮추는 효능을 보였는데, 혈당과 총 콜레스테롤, 트리글리세리드, 요소 요산, 크레아티닌, SST, AAT를 의미 있게 감소시켰던 반면, 인슐린은 증가시켰다. 그러나 정상 쥐에 있어서는 그렇지 않았다.

강원대학교 동물자원 공동연구소, 강원대학교 수의학과 면역약리학 교실에서 연구한 황칠이 혈당농도에 미치는 영향에 대한 임상실험에서도 매우 유의미한 결과를 나타냈다. 당뇨에 걸린 흰쥐에 실험7주 후부터 혈당을 강하하여 실험 10주 후에는 유의적인 혈당감소 효과가 나타난다.

스트렙토조토신(Streptozotocin)에 의해 유도된 당뇨모델 동물에서 황칠나무(Dendropanax morbifera Leveille)의 열수 추출물과 에탄올

추출물의 당뇨 질환 개선 효능을 보여 주었다.[8]

> 황칠나무로부터 분리한 덴드로파녹사이드를 유효성분으로 포함하는 당뇨병 예방 또는 치료용 조성물

- **출원인** : 동아대학교 산학협력단
- **출원번호** : 1020110014116(2011. 02. 17)
- **공개번호** : 1020120101743(2012. 09. 17)
- **발명자** : 이재헌, 문형인

황칠나무로부터 분리한 덴드로파녹사이드(Dendropanoxide, DP)를 유효성분으로 포함하는 당뇨병 예방 또는 치료용 약학적 조성물은 간독성이 없으면서도 혈중의 포도당 및 인슐린의 수치를 낮추어 과혈당 증상을 완화시키고, 요소, 요산, 크레아틴 등의 농도를 낮추어 신장 기능 저하를 억제하여 당뇨병의 효과적인 예방 및 치료 효능이 있다. 따라서 상기 조성물을 이용하여 당뇨병의 예방 및 치료를 위한 의약품 및 당뇨병의 예방 및 개선을 위한 건강기능식품에 사용할 수 있다.

---

8 안나영, 김지은, 황대연, 류호경 한국영양학회, Journal of Nutrition and Health 47(5), 2014. 12, 394-402.

(5) 항균력 및 항산화 기능

동서고금을 막론하고 불로장생은 인간의 오래된 꿈이며, 장수하기 위한 노력은 계속되어 왔다. 점차 노령화사회로 진행하고 있는 시대상황 때문에 최근 노화에 대한 일반인의 관심이 높아지고 있으며 노화에 대한 연구도 활발해 지고 있다.

노화의 원인에 대한 최근 가장 주목받고 있는 학설은 하맨 (Harman)에 의해 최초로 제기된 활성산소 설(free radical theory)인데, 생체 내에서 생성되는 활성산소들이 연속적으로 유해반응을 일으켜서 노화과정을 촉진시킬 뿐 아니라 각종 노인질환을 일으킨다는 것이다. 뿐만 아니라 인체 내에서 암과 돌연변이를 유발하거나 세포의 노화를 촉진하는 동시에 유해물질을 생성시키고 염증을 촉진하는 등 여러 가지 질병의 원인이 된다고 알려져 있으며, 활성산소가 질병에 미치는 영향에 대한 연구로 뇌혈관질환 신부전증, 당뇨 등이 있다.

그런데 황칠나무 추출물이 항산화 기능이 있는 것으로 밝혀져 주목받고 있어, 황칠나무를 이용한 항산화제의 연구개발은 식품 및 발효산업 및 의약품 분야, 농업 분야 등에서 매우 큰 경제적, 산업적 파급효과를 기대할 수 있다.

진시황제가 '불로초'라 믿어 그토록 탐냈던 나무가 바로 황칠나무였다는 설도 있다.

노화의 많은 가설 중에서 유해산소에 의해 노화가 촉진된다는 활성산소설이 설득력을 얻고 있다. 황칠나무가 불로초라면 항산화 작용을 가지고 있을 것이다.

「황칠나무 추출물의 항산화 기능성에 관한 연구」(문창곤, p.13.

p. 17)에서 황칠나무 잎 추출물과 가지 추출물은 각각 85%, 75% 이상의 활성산소(노화와 세포손상을 유발하는 유해산소) 제거 능력을 가진다고 하였다.

대표적인 항산화물질인 폴리페놀인 클로로겐산chlorogenicacid은 항산화 외에도 항균 작용, 항암 작용이 있고, 당뇨병과 심혈관 질환에도 효과가 있다. (Meng 등. Evid Based Complement Alternat Med. 2013). 실제 황칠나무는 약 0.3~0.5%의 클로로겐산을 함유하고 있다고 보고되고 있다.

황칠수액은 식물이 상처를 받으면 자기 보호와 치유를 위하여 분비하는 항균성물질인 파이토알렉신(phytoalexin)으로 알려져 있다 (Bailey & Mansfield, 1982 ; Hillis, 1987). 그리고 황칠은 수 십 년 묵은 체중도 녹이며 한번 막을 형성하면 만년이 가도 썩지 않는다는 말이 실제로 고대 고분의 유물 에서 밝혀지고 있으며, 황칠나무 잎차, 수피와 뿌리진액, 침출주 및 막걸리의 항산화 활성 비교[9]에서도 황칠나무를 추출물을 첨가한 막걸리 보존성이 탁월한 것으로 나타났다.

지금까지 천연물에 존재하는 항균활성 물질을 식품의 보존에 이용하고자 생약재 성분, 향신료와 그 정유 성분, 마늘, 파, 쑥 추출물에서 유래된 성분, 미생물이 생성하는 항균활성 물질 등을 중심으로 연구가 계속되어 왔다. 그런데 이들 물질은 대부분 그 활성이 낮고 식품의 맛

---

9 박철호, Amal Kumar Ghimeray, Timnoy Salitxay, 최용순, 장광진, 최민희, 박병재, 석민정 한국자원식물학회, 한국자원식물학회 학술심포지엄, 2012.5, 89-89(1 pages)

과 색택에 많은 영향을 미치므로 식품산업에 실용화 되지 못하였다.

이렇게 식품의 안정과 보존성을 위해 항균효과가 탁월한 천연 보존재로서 천연물질의 탐색연구에서 황칠나무의 항산화, 항노화, 항균력이 있음에 주목하고 이에 대한 연구가 이루어 졌다. 그 결과 황칠나무 발효추출물은은 대장균, 포도상구균, 녹동균 모두에서 높은 항균 활성이 증가한 결과물을 도출하였다(Jae-Yeul Lee et at., 2019).

이러한 연구결과를 토대로 황칠나무 잎, 가지 추출물 및 수액의 발효물의 천연보존대, 화장품 소재 및 천연물 포장소재 등 천연 생기능성 물질로의 실용화가 가능함을 시사하였다.

살균 및 제독기능을 가지는 황칠 회 접시 제작 방법

- 출원인 : 김경희
- 출원일자 : 2006. 07. 26
- 등록번호 : 2004324970000(2006. 11. 28)
- 발명자 : 김경희

살균 및 제독기능을 가지는 황칠 회접시 제작에 관한 것이다.

> 쪽과 황칠나무 추출물을 유효성분으로 포함하는 물티슈 및 일회용 흡수제품과 이의 제조방법

- **출원인** : 원효정
- **출원번호** : 1020110139314(2011. 12. 21)
- **공개번호** : 1020130071857(2013. 07. 01)
- **발명자** : 원효정

쪽과 황칠나무 추출물을 유효성분으로 포함하는 물티슈 및 일회용 흡수제품과 이의 제조방법에 관한 것으로서, 더욱 상세하게는 쪽과 황칠나무로부터 짓무름, 발진, 또는 불쾌감 등을 방지할 수 있는 추출물을 추출하고, 이를 물휴지나 일회용 흡수제품에 적용하여 일회용 흡수제품의 착용이나 물휴지의 사용으로 인한 건강상의 문제점을 해결함은 물론, 피부질환의 예방 및 치료에 우수한 효과를 얻을 수 있는 쪽과 황칠나무 추출물을 유효성분으로 포함하는 물티슈 및 일회용 흡수제품과 이의 제조방법에 관한 것이다.

(6) 골다공증, 치주질환, 관절염에 도움

황칠은 뼈와 치아의 재생을 촉진시켜 충치, 치주질환, 골다공증, 관절염에 도움이 되고 조골세포(뼈를 만드는 세포) 증식을 도와 어린이 성장을 촉진한다고 한다.

인체에 존재하는 경조직은 크게 뼈와 치아로 분류되는데, 이와 같

은 경조직에 문제가 생겨 발생하는 대표적인 질환으로는 골다공증과 치주질환이 있다. 골다공증은 총골량이 감소하고 뼈에 구멍이 생겨서 약한 충격에 의해서도 뼈가 쉽게 부서지거나 휘어져버리는 증상을 보이는 지환으로서 노인층에서 흔히 발견된다.

가장 흔한 것은 여성의 폐경기 이후 에스트로겐의 감소에 의한 것이다. 한편, 치주질환은 세균에 의한 염증발생으로 치은조직과 치조골의 소실이 초래되어 결과적으로 치아가 발거되는 질환인데, 치주조직의 이상적 치유를 위해서는 치아와 치조골을 연결하는 치주인대의 재형성이 필요하며, 외과적인 시술이 요구된다. 이러한 치유과정에서 가장 주요한 사항은 치주인대세포의 치면에의 우선 부착과 함께 조골세포의 증식이다.

「한국 특산품 황칠의 생리활성 연구」(백운봉, p.37. p.42~43)에 의하면 경조직 재생및 증식 효과를 가지는 황칠 추출물, 황칠 분획물 및 이들을 함유한 약학 조성물이 치주인대(치아와 치조골을 중간에서 연결) 세포의 증식을 현저히 촉진시켰고(황칠을 투여하지 않은 대조군과 비교하여 14일째 약3배), 치주인대 세포의 조골세포로의 분화를 촉진시켜 뼈 재생 촉진효과를 나타냈으며, 뼈 표면에 칼슘의 첨착을 촉진시킴으로써 뼈 강도의 증가 효과를 보였다.

황칠추출물 또는 그 분획물은 조골세포 및 치주인대 세포의 증식을 촉진시키고 상기 세포들의 알칼리 포스파타제 활성을 증가시킴으로써 경조직 재생 및 증식 촉진효과를 나타낼 뿐만 아니라, 충분한 경도를 갖는 경조직을 형성시킬 수 있는 특징이 있다. 따라서 경조직 재생 또는 경조직 증식의 감소 현상과 관련이 있는 여러 가지 질환에 대한 직접 또는 보조 치료제로서 사용할 수 있으며, 적용할 수 있는 질환으로는 골다공증, 치주질환 등이 있다.

경조직 재생 및 증식 효과를 가지는 황칠 추출물, 황칠분획물 및 이를 함유한 약학 조성물

- 출원인 : 주식회사 디피바이오텍
- 출원일자 : 2002. 03. 22
- 등록번호 : 1004579700000(2004. 11. 10)
- 발명자 : 정세영

경조직 재생 촉진 효과를 가지는 황칠 추출물에 관한 것으로, 조골세포 및 치주인대세포 등의 알칼리 포스파타제 활성을 증가시킴으로써 경조직 재생 및 증식 촉진효과를 나타낼 뿐만 아니라, 칼슘염 및 인산염의 침착을 촉진시키므로써 높은 경도를 가지는 경조직을 형성시킬 수 있으며, 생약의 하나인 황칠로부터 얻은 추출물 또는 그 분획물을 포함하는 천연유래 약물로서 부작용을 보이지 않으면서 골조송증, 치주질환 등과 같이 경조직 재생 및 증식과 관련된 질환의 예방 및 치료를 목적으로 기존의 치료제에 대체하여 안심하고 사용할 수 있는 경조직의 재생과 증식을 촉진하는 황칠 추출물과 그 분획물 및 이들이 함유된 약학 조성물을 포함한다.

(7) 면역력 강화

황칠나무의 효능 중에서 손꼽을 수 있는 것이 면역력 강화라고 생각한다. 여러 연구에서 황칠나무는 일반 의약품과는 다르게 장기적으로 복용해도 중독되지 않으며, 복용 시 체질에 무관 없이 장복해도 괜찮다고 한다.

면역은 침입한 유해물질로 부터 신체를 보호하는 방어 작용이다. 황칠은 면역세포 생육을 촉진시켜 각종 질병을 야기하는 원인들에 대한 조기 면역체계 및 생체방어체계를 강화하는 데 도움이 된다.

2019년부터 현재에 이르기 까지 코로나 팬데믹이 전 세계적으로 인류의 생명을 위협할 때에도 황칠진액을 수시로 먹었던 필자의 가족들은 코로나 바이러스에 감염되지 않았다. 물론 예방접종을 모두 마친 탓도 있겠고, 주의를 게을리 하지 않은 점도 있겠으나 황칠나무의 면역효과가 아닌가 하는 생각이 든다.

전남 보건환경연구원 연구결과(조선일보, 2009. 4. 10)에 의하면 황칠나무 추출물에 대한 기능성과 약리효과를 분석한 결과 추출물을 세포 처리했을 때 면역기능 담당 세포인 T 림프구 활성도가 처리하지 않았을 때 보다 일주일 동안 최대 2.5배까지 증가했다.

황칠나무 잎으로부터 분리된 폴리시틸렌 (polycetylene) 화합물은 항보체 활성을 나타내며(Chung et al., 2011), 황칠나무 잎 에탄올 추출물은 B세포와 T세포의 생장을 촉진하고 T세포 싸이토킨 (cytokines, IL-6, TNF-α) 가 증가하는 등 면역 증진 효과도 있는 것으로 보고되었다(Lee et al., 2002).

'황칠나무 잎을 이용한 면역증강물질 연구'(이서호 외, 2002)에 의하면, 황칠나무 잎의 추출물의 면역 활성증진 실험에서 인간 정상 간세포의 경우 모든 추출물이 1.0㎎/㎖의 농도에서 최고 265이하의 세포독성을 나타내었다. 서로 다른 4가지의 암세포주(MCF7, A549, Hep3B, AGS)에서 50%이상의 저해 율을 나타냈고, 정상 세포의 결과와 암세포의 저해 율을 비로 나타낸 selectivity의 측정에서 모든 암세포주가 1.5이상의 사멸 도를 나타내었고 전체적으로 에탄올 추출물의 효과가 가장 좋았다.

에탄올 추출물의 경우에서 인간 유방암 세포주(MCF7)와 인간 간암 세포주(Hep3B)의 경우에서 1.0㎎/㎖농도에서 각각 65% 67%의 저해 율을 기록했다.

면역세포 실험에서 에탄올 추출물이 1.0㎎/㎖농도에서 B세포는 1.22배, T세포는 1.27배의 촉진 활성을 보였고, 6일 동안 측정한 cytokines(IL-6, TNF-α)의 양도 에탄올 추출물의 경우 T cell의 경우 IL-6은 94pg/㎖, TNF-α는 75pg/㎖로 증가하였다. 황칠은 생약으로서 그 가치가 높은데 그 중 생체의 항상성을 유지하는 특징을 가지고 있고 기능을 향상시키는 데 중요하다.

특히 본 연구에서 황칠나무의 약용식물로서의 새로운 가치 부여의 차원에서 수피나 뿌리가 아닌 잎을 이용한 새로운 가치 부여에 그 의의가 있으며 면역증강 물질에 관해 탐색한 결과, 인간면역체계에서 항체 생성의 중요한 역할을 하는 인간 B세포와 T세포의 생육증강도, 생육도와 cytokines(IL-6, TNF-α)의 양이 증가하는 결과를 얻을 수 있었다.'고 밝히고 있어 앞으로 의약품 개발에도 적용이 가능한 식물임을 입증해 주고 있다.

'황칠의 안정적 생산기술개발 및 황칠나무 기원의 생리활성물질 탐색'[10]이라는 연구 보고서에 따르면, 황칠 추출물의 인간 면역세포(T and B cell)를 이용한 면역 증진 실험에서 생육촉진 결과는 T세포와 B세포 모두 1.27배와 1.21배의 생육촉진 활성을 나타내었고, IL-6(인터루킨-6:혈액 중의 면역촉진성 사이토카인)는 T세포와 B세포에서 73.8(pg/㎖)과 64.8(pg/㎖)대의 증진 효과를 가져왔다. 또한 TNF-α(면역촉진성 암괴사인자)의 경우도 마찬가지로 T세포와 B세포에서 121(pg/㎖)과 102(pg/㎖)로 증진 효과가 크게 나타났다.

　면역시험에서는 기준물질인 레티노익산(retinoic acid: 기존의 항암/면역제로 가장 많이 연구되고 잘 알려짐)보다 더 높은 활성률을 보였다. 게다가 면역세포의 생육 도에서 역시 거의 같은 결과를 얻을 수 있었다. 이것은 순수 물질인 레티노익산에서는 포함되어 있지 않은(또 다른 유용) 물질(황칠 추출물에) 포함되어 있다는 것을 알 수 있었다.

　또한, 황칠의 7가지 성분들은 면역력을 촉진하며 특히 새로 분리한 폴리아세틸린 성분은 특히 중요한 효능을 보인 연구도 있다.[11]

　「황칠나무 잎의 추출물의 면역 활성증진 실험」[12]에서 인간 정상 간세포의 경우 모든 추출물이 1.0㎎/㎖의 농도에서 최고 265이하의 세포독성을 나타내었다. 서로 다른 4가지의 암세포주(MCF7, A549,

10　[전남대 연구보고서(농림부 발행)] 「황칠의 안정적 생산기술개발 및 황칠나무 기원의 생리활성물질 탐색」 2003. p.63, p.82.

11　'Isolation and anticomplement activity of compounds from Dendropanax morbifera' Park B.Y외, 『J Ethinopharmacol, 2004』, Feb.

12　이서호, 이현수, 박영식, 황백, 김재헌, 이현용, 한약작지(Korean J. Medicinal Crop Sci.) 10(2): 109~115(2002)

Hep3B, AGS)에서 50%이상의 저해율을 나타냈고, 정상 세포의 결과와 암세포의 저해율을 비로 나타낸 selectivity의 측정에서 모든 암세포주가 1.5이상의 사멸도를 나타내었고 전체적으로 에탄올 추출물의 효과가 가장 좋았다.

에탄올 추출물의 경우에서 인간 유방암 세포주(MCF7)와 인간 간암 세포주(Hep3B)의 경우에서 1.0mg/㎖농도에서 각각 65% 67%의 저해율을 기록했다.

면역세포 실험에서 에탄올 추출물이 1.0mg/㎖농도에서 B세포는 1.22배, T세포는 1.27배의 촉진 활성을 보였고, 6일 동안 측정한 cytokines(IL-6, TNF-α)의 양도 에탄올 추출물의 경우 T cell의 경우 IL-6은 94pg/㎖, TNF-α는 75pg/㎖로 증가하였다.

이상의 결과로 볼 때 추출 열과 추출 용매에 의해 황칠나무 잎에는 여러 가지 유용한 성분들이 풍부하게 존재하며, crude 추출물 중에 에탄올 추출물이 면역 활성에서 좋은 효과를 보였다는 것을 알 수 있었고, 이를 통해서 황칠나무 잎을 이용한 기능성 식품으로의 연구개발이 충분히 가치가 있다는 것을 알 수 있었다.

황칠나무 잎 추출물을 유효성분으로 함유하는 장질환 치료 및 예방을 위한 조성물

• 출원인 : 재단법인 전라남도생물산업진흥재단
• 출원일자 : 2011.08.24

- 등록번호 : 1012289200000(2013. 01. 28)
- 발명자 : 이동욱, 김선오, 나주련, 등

황칠나무 잎 추출물을 함유하는 조성물에 관한 것으로, 황칠나무 잎을 다양한 용매를 이용하여 추출, 농축하여 수득 가능한 분말 또는 엑기스를 포함하는 장 운동능력 활성화를 통한 변비와 같은 장질환의 예방 및 치료를 위한 약학조성물 및 건강기능식품에 관한 것으로, 본 발명에 의한 황칠나무 잎 추출물은 랫트에서 장 운동 촉진, 정장효과 및 변비개선효과가 탁월함을 확인했다.

(8) 항균 항염증 기능

황칠나무는 병충해와 공해에 강하다. 다른 벌레들은 얼씬거리지도 않는데 재밌게도 장수하늘소만은 접근한다고 한다. 이른 근거로 정일민 외(2009) 연구결과[13]에 의하면, 황칠은 클로로퀴논(합성 항말라리아제) 감수성 열대열원충(인체 말라리아 균종)에 대하여 효능이 있는 것으로 조사되었다. 병원균 또는 식품의 부패에 관여하는 균들에 항미생물 활성이 인정되었다고 보고되었다.

또한 전남대 및 전남보건연구원의 연구에서도 황칠나무 추출액이

---

13 「In vitro evaluation of the antiplasmodial activity of Dendropanax morbifera against chloroquine-sensitive strains of Plasmodium falciparum(클로로퀴논 감수성 원충을 통한 황칠로부터 항원충 성분)」 정일민 외. 2009:(Phytother Res, 2009. Apr. 15)

병원균 또는 식품의 부패에 관여하는 균들에 대하여 항미생물 활성이 안정되었다고 하였으며, 식중독 원인균인 황색포도상규균, 클로스트리듐 퍼프린젠스, 비브리오균 등의 생육을 저해하는 효과가 확인됐다고 밝힌 바 있어 식품 가공 및 보전에 활용이 필요하다.

> ### 황칠 잎 추출물을 함유하는 진해 또는 거담용 약학 조성물
>
> - 출원인 : 재단법인 전라남도생물산업진흥재단
> - 출원일자 : 2013. 02. 04
> - 등록번호 : 1012837750000(2013. 07. 02)
> - 발명자 : 최철웅, 김재용, 반상오, 김희숙, 등
>
> 우리나라 천연자원인 황칠 잎 추출물을 유효성분으로 하는 진해 또는 거담제거에 작용하는 고부가가치 기능성 건강식품을 제공하는 것으로 천연원료를 사용함으로써 장기간 복용해도 부작용 없이 안전한 진해 또는 거담제거 조성물을 제공하기 위한 것으로 물, 메탄올, 에탄올, 프로판올, 이소프로판올, 부탄올 또는 이들의 혼합용매 중 어느 하나에서 가용하여 추출한 황칠 잎 조추출물에 비극성용매로서 헥산, 클로로포름, 디클로메탄 및 에틸아세테이트 중 어느 하나의 비극성가용추출물을 유효성분으로 포함하는 진해 또는 거담제거 조성물을 제공한다.

(9) 피부 미백 효과

황칠나무 추출물은 피부의 안전성 안정성 및 보습 기능이 우수하며, 멜라닌을 생성하는 티로시나아제(tyrosinase) 활성을 억제하므로 피부 미백 효과가 크다. 또한 자외선 유도로 인해 MMP-1이 생성되는 것을 막고 콜라겐 합성을 증진한다.

자외선 조사로 인한 세포 독성을 완화하고, 염증성 사이토카인의 발현을 억제하며 피부 주름 개선 효과가 있다.

「피부 미백 효과가 있는 황칠 추출물과 황칠 분획물」, (정세영 백운봉)에서 피부를 검게 하는 멜라닌을 형성하는 티로시아나제의 활성을 억제하는 우수한 피부 미백효과가 있는데, 황칠 분획물에서는 35%, 98%의 멜라닌 억제가 나타나 kojic acid보다 월등한 미백효과가 있다고 하였다. 황칠수액과 잎 추출물의 에틸아세테이트 분획도 항산화 및 티로시나아제 (tyrosinase)[14] 저해 활성, 멜라닌(melannin) 생성 억제 활성을 가지고 있다고 알려져 있다(Park et al., 2013).

황칠나무 추출물을 유효성분으로 함유하는 화장품 조성물

- 출원인 : 주식회사 코리아나 화장품
- 출원일자 : 2009. 12. 31
- 등록번호 : 1011765290000(2012. 08. 17)

---

[14] 타이로신단백질을 구성하는 방향족 아미노산의 하나)을 3-하이드록시타이로신으로 산화시키는 반응을 촉매하는 효소

• 발명자 : 이정노, 이지영, 이강태, 이건국

황칠나무(Dendropanax morbifera) 추출물을 유효 성분으로 함유하는 화장품 조성물에 관한 것으로서, 황칠나무 추출물을 유효 성분으로 0.001~30.0 중량%를 함유하는 것을 특징으로 하며, 본 발명에 따르면, 황칠나무 추출물은 MMP-1생성 억제효과, 자외선 유도에 의한 MMP-1 생성 억제효과, 콜라겐 합성 증진 효과, 자외선 조사에 의한 세포독성완화효과, 자외선 조사에 의한 염증성 사이토카인 발현 억제 효과 및 피부 주름 개선 효과가 있어 각종 기능성 화장료를 제공 할 수 있다.

황칠나무 추출물로부터 분리된 페놀성 화합물을 함유하는 피부미백 조성물

• 출원인 : 경희대학교 산학협력단
• 출원번호 : 1020110036872(2011.04.20)
• 공개번호 : 1020120119227(2012.10.31)
• 발명자 : 정대균, 백윤수, 방면호, 등

황칠나무 추출물로부터 분리된 페놀성 화합물 및 이의 약학적으로 허용가능한 염을 유효성분으로 함유하는 피부미백용 화장료 조성물 및 피부외용 약제 조성물을 제공하기 위한 것이다

> ### 황칠나무 추출액 및 분말가루를 함유하는 비누
>
> - **출원인** : 석민정
> - **출원일자** : 2010.07.09
> - **등록번호** : 1012499770000(2013.03.27)
> - **발명자** : 석민정
>
> 황칠나무(Dendropanax morbifera) 추출물을 유효 성분으로 함유하는 화장품 조성물에 관한 것으로서, 황칠나무 추출물을 유효 성분으로 0.001~30.0 중량%를 함유하는 것을 특징으로 하며, 본 발명에 따르면, 황칠나무 추출물은 MMP-1생성 억제효과, 자외선 유도에 의한 MMP-1 생성 억제효과, 콜라겐 합성 증진 효과, 자외선 조사에 의한 세포독성완화효과, 자외선 조사에 의한 염증성 사이토카인 발현 억제 효과 및 피부 주름 개선 효과가 있어 각종 기능성 화장료를 제공 할 수 있다.

(10) 발모촉진제 및 모발보호제

황칠나무 추출물만을 사용하거나 또는 황칠나무 추출물에 감국, 측백엽, 상백피, 만형자 및 세신으로 이루어진 군에서 선택된 어느 하나 이상으로부터 얻어진 추출물을 더 포함하는 모발용 조성물 첨가제에 관한 것이며, 효모 숙성 단계를 포함하여 추출하는 경우 추출물의 농도를 높일 수 있다. 본 발명의 조성물을 포함하는 염모제를 사용하

는 경우, 피부자극 및 피부염을 방지하여 모발 및 두피를 보호하는 효과를 제공할 수 있다. 또한, 모발에 친화성이 높은 조성물을 제공함으로써 염색성 및 지속성이 우수하고 모발손상을 감소시키는 효과를 제공할 수 있다.

또한, 황칠나무 잎 열수 추출물의 모발 화장품으로서의 활용가능성에 대해 조사한 연구(원광대, 민중원)에서 퍼머넌트 웨이브 모발에 황칠나무 잎 추출물 트리트먼트 후 자외선 조사에 따른 모발 보호 효과가 있는 것으로 확인되었다.

장지연(원광대, 2015) 논문에서는 황칠나무 잎 열수 추출물은 항산화 효과와 항균효과, 세포독성에 대해 효과가 있는 모발 화장품으로서의 이용가능성이 있는 것으로 확인되었으며, 이를 바탕으로 황칠나무 잎 추출물을 첨가한 헤어트리트먼트를 제조하여 퍼머넌트 웨이브 시술 후 자외선 조사를 한 결과 모발을 보호하는 효과가 매우 높은 것으로 확인되었다.

황칠나무 추출물을 유효성분으로 포함하는 발모 촉진용 화장료 조성물, 탈모 방지, 발모 촉진 및 두피 개선용 약제학적 조성물 및 기능성 식품에 관한 것이다. 본 발명에 따른 황칠나무 추출물은 15-PGDH활성을 억제하여 PGE2을 증가시키는 활성이 우수하며, 또한 남성형 탈모의 중요기전인 AR시그럴닝을 억제하는 기전을 통해 남성형 탈모에도 우수한 효과가 있음을 활용하였다.

- **출원인** : ㈜ 엘에스화장품, 허용기
- **출원일자** : 2011. 08. 11
- **등록번호** : 011479840000(2012. 05. 15)

황칠나무 추출물을 유효성분으로 포함하는 발모 촉진용 화장료 조성물, 탈모 방지, 발모 촉진 및 두피 개선용 약제학적 조성물 및 기능성 식품에 관한 것이다. 본 발명에 따른 황칠나무 추출물은 15-PGDH활성을 억제하여 PGE2을 증가시키는 활성이 우수하며, 또한 남성형 탈모의 중요기전인 AR시그럴닝을 억제하는 기전을 통해 남성형 탈모에도 우수한 효과가 있음을 활용하였다.

(11) 신경 안정 효과

황칠나무의 독특한 방향성분은 신경계에 대한 진정작용과 강장작용을 나타내는 안식향산을 함유하고 있다(Lee et al., 2002).

「황칠성분의 분리 및 분석에 관한 연구」[15]에서 황칠나무 수지액과 에텔아세테이트 용액을 섞은 다음 교반 추출하였다. 이를 여과지로 여과하여 감압 농축하여 얻은 옹축액으로 시험관에서 분취한 결과 No-

---

15 최용환, 황칠성분의 분리 및 분석에 관한 연구, 한밭대학교 석사학위논문, 2003.

1~No-6까지의 물질로 분리하였다.

표1_ 유리관컬럼으로 분리된 황칠성분의 백분율

분획	계	No-1	No-2	No-3	No-4	No-5	No-6	모름
백분율(%)	100	33.21	5.03	2.64	3.77	23.96	11.70	19.69

그 중 No-1과 No-2는 정향 성분인 세스퀴테르펜(Sesquiterpene) 류 이며, No-3은 단일물질로 분유된 화합물로서 octadeca-(3Z, 16E)-diene-5, 7-diynoic acid ethyl esrer 로 투명한 액체이지만 일 광하에서 서서히 황변하면서 황금색을 띄게하는 주요 성분으로 밝혀 졌다. No-4에 대한 확인은 못하였고 No-5는 선형의 올레핀 구조를 가진 알코올을 No-6은 카르복사산 화합물을 함유한 혼합물질로 추 정하고 있다.

대체로 선형 올레핀 구조를 가진 화합물의 특성은 저밀도, 고투명 성 낮은 복굴절, 극히 낮은 흡수성, 뛰어난 수분 차단성, 섭씨 170도 까지의 광범위한 열변형 온도, 고강성, 고경도, 우수한 혈액 친화성, 뛰 어난 생체 적합성, 뛰어난 내산성, 내알칼리성 등을 가지고 있다. 이러 한 물질의 구조적 특징이 황칠의 뛰어난 내구성과 보존성을 갖게 하는 것으로 보인다.

No-1과 No-2는 정향 성분을 분석한 바에 의하면 〈표2〉와 같다.

표2_ 정향 성분(No-1, No-2) 분석표

화합물명	점유율(%)
계	100
베타-셀리넨(β-Selinene)	24.617
알파-셀리넨(α-Selinene)	23.494
감마-셀리넨(Γ-Selinene)	15.518
알파-엘에멘(α-Elemene)	13.512
케르마크렌 디(Germacrene D)	8.764
베타-엘에멘(β-Elemene)	6.258
감마-카디넨(Γ-Cadinene)	5.520
모름	2.318

황칠나무 추출물을 포함하는 남성 성기능 개선용 조성물

- **출원인** : 재단법인 전라남도생물산업진흥재단
- **출원일자** : 2011. 12. 29
- **등록번호** : 1011891080000(2012. 10. 02)
- **발명자** : 김선오, 정명아, 최철웅, 김재갑, 이동욱, 최은진, 나주련

황칠나무(Dendropanax morbifera) 추출물을 유효성분으로 포함하는 남성 성기능 개선용 조성물에 관한 것이다. 상기 황칠나무 추출물에 대해 토끼 음경해면체를 이용한 실험을 통하여 확인한 결과, 상기 황칠나무 잎의 물 추출물, 에탄올 추출물 및 에탄올 수용액 추출물과 상기 황칠나무 열수 추출물의 부탄올, 헥산, 에틸아세테이트 및 클로로포름으로 이루어진 군으로부터 선택된 어느 하나를 분획용매로 이용하여 분획한 분획물이 음경해면체 평활근을 이완시켜 음경의 발기 증진, 구체적으로 토기 음경해면체에 대한 우수한 이완 효과를 통해 남성 성기능을 개선할 수 있으므로, 상기 황칠나무 추출물 또는 황칠나무 분획물을 유효성분으로 포함하는 남성 성기능 개선용 조성물은 발기부전 개선 또는 예방 등을 위한 남성 성기능 개선용 기능성 식품 조성물과 발기부전, 조루, 지루 또는 음위증과 같은 남성 성질환의 치료 또는 예방을 위한 의약 조성물로 이용될 수 있다.

한의학 속 황칠나무

태평혜민화제국방(太平惠民和濟局方)

송나라 시대의 관용 의서인 태평혜민화제국방(1107)에 황칠을 약용으로 쓴 기록이 최초로 있다.

'열을 내리고 독을 없애는데 사용되었고 안정제의 효과가 있으며 뜨거운 기운이 가슴에 들어가 답답한 경우나 어린 아이의 경기, 중품, 더위 먹은데 효과가 크다'

보제방(普濟方)

명나라 주숙(1360~1425)은 보제방 군 297편에서 황칠은 치루에 효능이 있는 것으로 기록하고 있다.

치루에 걸린 후 오래 되어 고통을 참을 수 없을 정도인 경우에 사용한다. 사향, 경분, 유황, 웅황, 자황, 등황, 비상, 분상, 황단(각2돈을 따로 갈아 놓는다). 황칠, 모려, 홍등뿌리(각각 1냥씩을 넣는다).

본초강목(本草綱目)

명나라 이시진(1518~1593)에 의해 쓰여진 본초강목(1578년 완성) 제34권, 목부(木部)에는 황칠나무의 안식향에 대해 기록하고 있다.

"황칠은 안식향이라는 독특한 향기를 갖고 있어서 사람의 신경을 안정시켜 정신 위생에 긴요하다. 이 향은 악기(惡氣器)를 물리치고 모든 사기(邪氣)를 편안하게 진정시키기 때문에 안식향이라고 하였다." 라고 기록되어 있다.

황칠나무의 정유성분에는 안식향(安息香)과 신경세포 증식 활성 등의 작용이 있어 예로부터 천연 신경안정제로 쓰여 왔다. 그래서 불면증, 우울증, 짜증, 스트레스, 집중력이 필요한 수험생, 주의가 산만한 경우에 효과가 있는 것으로 보고되고 있다.

활용법은 급성 심통, 혹은 통증이 오다가 멈추기를 반복할 때, 안식향을 가로로 빨아 뜨거운 물에 타서 마신다. 어린아이가 배가 아플 때, 안식향 환을 복용한다. 관절이 아플 대, 입구가 작은 병에 회를 깔고, 그 위에 돼지고기와 안식향을 넣고, 가열한 뒤, 병에서 나오는 연기를 환부에 씌워준다.

강서초약(江西草藥)

중국 의서인 「강서초약」에 황칠나무를 풍하리(楓荷梨), 편하풍(偏荷楓), 압각목(鴨脚木), 이하풍(梨荷楓), 반하풍(半荷楓)으로 불렀다.

강서초약에서 황칠은 풍사(風邪)를 몰아내고 습사(濕邪)를 없애며 혈맥을 잘 통하게 하는 효능이 있다고 하며 사지마비, 중품, 풍습비통, 반신불수, 편두통, 월경불순을 치료한다고 하였다.

풍습비통(風濕痹痛)

황칠나무뿌리, 구등근(鉤藤根), 각 37.5그램, 우슬초뿌리, 계지(桂枝) 각 12그램, 홍당(紅糖), 미주(迷酒) 등을 섞어 달여서 차처럼 만들어 마신다. 연속 3일 복용하고 2일 중지한다. 이것을 1치료 기간으로 하여 5치료 기간을 계속한다.

진상(陳傷), 풍습성 관절염

황칠나무뿌리, 호장근(虎杖根), 홍총목근(紅楤木根: 서향나무의 뿌리), 발려근(菝葜根: 청미래덩굴뿌리) 각 600그램, 목통(木通: 으름덩굴줄기) 300그램을 소주 3600그램에 담가 7일 동안 두면 풍습주(風濕酒)가 된다. 이것을 하루에 한 작은 술잔씩 복용한다.

편탄(偏癱: 사지마비, 중풍)

황칠나무뿌리 20~40그램을 물로 달여 3개월 동안 계속 복용한다.

편두통

황칠나무 줄기 75그램을 물로 달여서 찌꺼기를 버린 후 계란 한 개를 넣고 끓여서 즙과 계란을 복용한다.

월경 불순

황칠나무 뿌리 19그램을 술로 볶은 후 달여서 1일 1컵씩 빈속에 복용한다.

절강민간상용초약(浙江民間常用草藥)

「절강민간상용초약)」에서 황칠나무를 이풍도(梨楓桃), 목하풍(木荷楓), 오가피(五加皮), 풍기수(楓氣樹), 압각판(鴨脚板), 반변풍(半邊楓), 변하풍(邊荷楓), 압장시(鴨掌柴), 백산계골(白山鷄骨), 금계지(金鷄趾)라 하였다.

'황칠나무는 풍사를 몰아내고 습사를 없애며 근육과 힘줄을 풀고

혈액 순환을 촉진시키며 통증을 완화시키는 효능이 있다고 하며 하루 20~40g을 물로 달여서 복용하거나 또는 술에 담가서 복용한다.'고 하였다.

신농본초경소(神農本草經疏)

명나라 무희옹(1546~1627. 추정)의 신농본초경소(神農本草經疏) 권13요에 황칠나무의 안식향은 맵고 쓴 맛에 독은 없으며 그 향을 맡으면, 나쁜 기운을 없애주고, 신명과 통한다 하였다.

안식향은 화(火)와 금(金)의 기운을 품고 있으나 수(水)가 있어서, 그 맛이 맵고 쓰지만, 기운은 평담하고 향이 나며, 성질은 독기가 없고, 진한 맛에 양기는 적다. 그 향을 맡으면, 신명하고 통하고, 모든 나쁜 기운을 피할 수 있어서, 귀신들림과 나쁜 기운을 주재할 수 있는 것이다.

심씨존생서(沈氏尊生書)

청나라 심금오(1717~1776)의 심씨존생서 권19에는 습한 기운에 다치고 더위를 먹어 다리는 차고 허리 위로는 땀이 나는 경우 처방전에 황칠을 가미한다고 하였다.

서각방(코뿔소의 뿔), 주사, 비웅, 황비, 호박가루, 대모방(거북 껍데기) 각 1냥씩, 서우황5돈, 사향, 병편 각1돈, 수안식향 1냥을 회주가 없을 정도로 고아 약간 응고된 상태로 만든다. 만약 수안식향이 없으면 건안식향으로 대신할 수 있다. 금박과 은박 각 15편을 곱게 간다. 약간 응고된 상태의 안식고를 다시 불에 고우면서, 다른 모든 약을 함게 넣고, 100개의 환으로 나눈다. 허리 위로 담이 날 때 황칠이 가미된

지보단을 처방한다 하였음.

의방유취(醫方類聚)

의서로 보물 1234호인 조선 세종 때 완성된 『의방유취』(醫方類聚, 1445)에는 "부녀자의 풍혈적체(질병을 일으키는 원인 중 하나로 외인성 사기인 풍사와 열이 섞인 것과 내인성으로 간에 열이 있거나 울체된 기가 열로 변하여 질병을 일으키는 요인이 되는 것이 쌓인 것)의 치료에 효과가 있다. 매번 월경 시에 무릎 아래 통증이 있을 때 효과가 있다."라고 기록하고 있다.

우마양저염역병치료방(牛馬羊猪染疫病治療方)

규장각에 보관되어 있는 「우마양저염역병치료방」은 조선시대 권응창에(1500~1568)에 의해 중종38년(1543)에 간행된 수의학서로서 소의 역병을 치료하기 위해서는 황칠은 태워 그 냄새를 맡게 하면 즉시 좋아진다고 했다.

황칠나무의 자원화

환경보존형 임산소득 작목으로 육성

1990년대 후반부터 황칠나무에 대한 재인식이 이루어지고 우리의 우수한 식물자원을 보존하자는 움직임이 활발해지면서 황칠나무 재배 지역이 늘어나고 있다.

황칠은 도료로서의 우수성뿐만 아니라 약리적 효과는 역사적으로 유명하며, 황칠뿐 만아니라 황칠나무 잎과 뿌리 수피에 이르기까지 모두 약성이 발견되고 있어 더욱 관심을 증대되고 있다. 이러한 추세에 힘입어 경남, 전남, 제주도 등에서 유망작목으로 연구되고 농가에 적극적으로 보급하고 있다.

우리나라는 현재 농산물의 수입 개방으로 농가에서는 유망작목 선택에 어려움을 겪고 있으며 생물다양성 협약에 의해 유전자원의 중요성이 그 어느 때보다 크게 인식되고 있다. 이러한 시기에 우리나라만의 특산식물을 탐색하고 개발하여 산업화하는 것은 환경보존형 농업을 위해 반드시 필요할 뿐만 아니라 애국적인 국민 정서 함양에도 필요한 국가적인 사업이다.

또한, 자원식물은 지역성, 계절성 및 환경에 대한 적응성이 강하므로 자생지를 중심으로 집중적으로 역구 개발하여 특산화함으로써 주요 생산단지를 조성하고 관광상품화하는 것은 매우 바람직하며 우리만의 고유 브랜드 창출이 가능하다고 할 수 있다.

이러한 관점에서 황칠나무에서 채취한 수지액인 황칠은 세계적으로 희귀한 황금색 전통 천연도료로 광택이 우수하고 투명하며, 안식향이라는 독특한 향을 지니고 있지만 일제시대 이후 무절제한 남벌과 관리 소홀로 인해 대부분의 자생 임분이 파괴되어 현재는 일부 국소지역에만 남아 있는 희귀수종이 되었다.

그러나 황칠나무 육종은 조기 개화결실이 가능하고 실생 증식이 용이하며 삽목에 의한 무성번식이 가능하며 육종적인 측면에서도 많은 장점을 가지고 있다.

황칠뿐만 아니라 황칠나무 자체가 가지는 특수한 약용성분에 대한 사회적 경제적 관심이 높아지고 있어 목재와 뿌리, 잎 에 이르기까지 유용한 물질이 추출 분리되어 약리활성에 관한 연구가 이루어지고 있으며, 황칠에 함유된 정유성분은 천연향료나 약용자원으로서의 가치가 있는 것으로 규명되어 앞으로 그 수요와 활용도는 더욱 증가할 것으로 예상되고 있다.

우리나라 특산식물인 황칠나무의 유전자원을 보존하고 이용하는 것은 매우 중요하다고 할 수 있다. 또한 황칠나무의 천연도료적 가치의 우수성은 재인식되고 있으나 이를 산업적으로 육성하기 위해서는 무엇보다도 먼저 황칠의 충분한 물량확보가 뒷받침되어야 한다. 특히, 황칠나무의 생육조건에 적합한 해안지방과 도서지역에서 재배지를 넓혀 간다면 세계시장을 겨냥한 소득작목으로 개발이 가능할 것이다.

황칠나무의 약효는 민간요법에서 구전으로 그 약성이 인정되어 왔으나, 최근에는 한의학계에서도 그 성분에 대한 활발한 연구가 진행되고 있다.

황칠나무에 관한 최초의 과학적인 연구는 1937년의 황칠의 정유 성분에 대한 연구로 주성분은 2중 결합이 있는 쌍환성 세스퀴테르펜이며 그 외에 알코올, 에테르 등의 성분을 함유하고 있다고 보고되었다.

전남대학교 김형량 교수 등에 의해 황칠나무의 잎과 열매의 일반성분을 분석한 결과에 의하면 단백질, 지방, 비타민C, 수용성 탄닌, 유리당이 높게 나타났다. 특히, 불포화지방산의 함유 량이 탁월하게 높게 나타났으며, 유리 아미노산이 15종 검출되었다. 또한 칼슘함량이 가장 높고 다음으로 칼륨, 마그네슘, 인, 나트륨, 망간과 같은 무기성분을 함유하는 것으로 밝혀졌다.

또한, 쥐 등의 동물실험을 통하여 혈액관련 질병과 당뇨병 등의 치료에 가능성이 확인 되고 있어 그 유용성의 평가는 더욱 커질 것으로 예상된다.

뿐만 아니라 황칠나무는 잎이 윤택하고 수형이 아름다워 정원수로도 훌륭하다. 꽃이 피면 그 일대에 향기가 진동하니 수많은 벌과 나비가 모여들고 열매가 읽으면 새들이 모여든다.

현대인들의 생활수준의 향상과 웰빙에 대한 욕구반영으로, 어떤 도료로도 흉내 낼 수 없는 아름답고 몸에 유해하지 않은 황칠도료를 입힌 고급 전통공예품도 주목받고 있다. 전통공예품이나 전통생활품에 이 황칠을 바르면 투명한 광택이 우수하여 장기간 사용하여도 변하지 않아 목기류와 같은 재료의 보존 내구성을 요하는 재료에 가장 적합한 도료로 평가되고 있다.

또한, 황칠연구가들의 발표에 의하면 전자파 차단에 특별한 효과가 있다하여 전투기의 도료로 사용하면 레이더의 감시를 피할 수 있다는 연구 발표가 있다. 이렇게 우리의 생활과 밀접한 핸드폰의 전자파를 차단할 수 있는 도료로 개발된다면 황칠의 수요 및 부가가치는 엄청날 것으로 예상하고 있다.

| 주작산 황칠나무 숲

> 전자파차폐, 원적외선방출, 음이온방출 및 항균성이 우수한
> 고속열차 차량 도장용 도료조성물

- 출원인 : 위승용
- 출원일자 : 2008. 12. 02
- 등록번호 : 1010641090000(2011. 09. 03)
- 발명자 : 위승용, 이경미, 위진혁, 위희원

고속열차 차량의 도장을 위한 도료 조성물에 관한 것으로서, 더욱 상세하게는 높은 전압을 받아 운행하는 고속열차 차량의 객실 안에 전자파 차폐, 원적외선방출, 음이온 방출, 항균성 등의 기능을 통해 최적의 환경이 될 수 있도록 고속열차 차량의 내외부를 도장시키기 위한 전자파차폐, 원적외선 방출, 음이온방출 및 항균성이 우수한 고속열차차량 도장용 도료조성물에 관한 것이다.

자생지 특성

황칠나무는 두릅나무과에 속하는 난대활엽상록수이다. 두릅나무과 식물은 세계적으로 80여속 900여종이 분포하고 있으며, 한국에는 20종류가 자생하고 있다. 그 중 하나인 황칠나무속(Dendropanax)은 동아시아에 30여종이 분포하고 있는데, 우리나라에는 1종이 자생하고

있다(정태현, 1965).

그런데 중국와 일본의 문헌에 의하면 우리나라 황칠나무에서 채취한 황칠이 가장 품질이 우수한 것으로 평가되고 있어, 우수한 형질을 보존하는 것이 매우 중요하다고 생각한다.

지금까지 황칠나무는 자생지에 관한 연구보고서(전남대 이정석, 1995)에 의하면, 전라남도 완도의 상황산과 주도, 보길도, 해남군 일원, 영광군의 아마군도, 진도의 조도, 관매도, 신안군의 우이도, 홍도, 흑산도군도, 어청도, 거제도, 갈곶도, 제주도, 홍도, 거문도, 외연열도 등 한반도의 서해안과 남해안에서 자생하고 있는 것으로 확인되고 있다. 연구자들의 보고에 의하면 한랭지구 15 선의 해안 도서지역인 것으로 나타났다.

황칠나무의 입지환경 조사결과 분포지는 북위 33.06~34.40도 동경 125.12~127.20도의 범위로 온대 남부와 난대 지역에서 생육하는 것으로 나타났다. 해발고는 홍도지역이 20m로 가장 낮았고 해남과 완도는 100~400m, 제주도는 최고 950m 까지 나타났다. 경사도는 10~45도 범위로 나타났다.

국립산림과학원의 연구조사에 의하면, 황칠나무 생육지의 토양에 대한 화학적 특성 조사 결과 유기물 함량이 5.7~26.3%로 우리나라 산림토양 평균 4.5% 보다 월등히 높았으며, 전질소함량이 0.7~1.4%, pH 4.6~6.2(평균 pH 5.3)로 우리나라 산림토양 평균 pH 5.5와 유사한 경향을 보였다. 유효인산은 8.64~17.91로서 우리나라 산림토양 평균 25.74보다 낮게 나타났다.

따라서 난대지역의 토양수분이 많고 배수가 잘되며 부식질이 많은 비옥한 사질양토이다. 산지에서는 계곡 또는 산록의 완경사지, 개간지, 폐경지 등에 식재할 수 있으며, 평지는 하천 주변의 퇴적층, 농경지 주위의 비옥한 곳 등에 재배가 가능하다.

황칠나무 자생지역에서 공통으로 서식하고 있는 나무는 동백나무와 사스피레나무였고 주로 붉가시나무, 구실잣밤나무, 가시나무 등과 함께 자란다. 황칠나무는 양지보다는 음지에서 잘 자라며, 토층이 깊고 유기질이 많으며 습기가 적당히 많은 토양에서 자란다. 국내의 황칠나무 품종구분은 나무껍질의 생김새로 구분한다. 나무껍질이 회백색이고 거칠고 두꺼운 형질을 지닌 수종과 나무껍질이 회갈색이고 얇은 형질을 지닌 수종으로 구분할 수 있는데, 일반적으로 회백색이고 두꺼운 형질을 가진 수종이 황칠 생산량이 더 많은 것으로 알려졌다.

생태적 특성

잎

황칠나무는 7~15m 정도 자라고 줄기는 곧고 회백색 또는 흑갈색이다. 어린가지는 털이 없고 윤기가 나며 녹색이다. 잎은 마디마다 방향을 달리하여 하나씩 어긋나게 나고 표면에 털이 없고 매끈하다. 오래된 잎들은 보통 달걀모양 또는 둥근 형태인데 반해서 새로 나온 잎들은 3~5갈래로 손가락처럼 깊게 갈라져 있으나 성장하면서 둥근형으로 변한다.

대부분의 나무들은 어린잎이나 성장하고 난 후의 잎 모양이 별로 차이가 나지 않은데 비하여, 황칠나무는 어릴 때는 삼지창 모양으로

I 어린 황칠나무의 잎 모양

I 성장 한 나무의 잎 모양

잎이 갈라져 있다가 크면서 둥근 타원형으로 변한다. 이렇게 황칠나무가 성장에 따라 잎 모양이 바뀌는 이유에 대해서 연구된 바는 없다.

그러나 필자의 경험에 의한 해석으로는, 황칠나무가 가진 우수한 성분을 본능적으로 아는 야생동물들이 황칠나무 잎과 줄기를 매우 좋아하기 때문에, 자신을 방어할 목적인 듯하다는 것이다. 어린잎과 줄기를 동물들이 먹어버리면 곧 생존 위기가 되므로 잎 모양을 삼지창 형태로 만들어 천적에게 조금이라도 위협감을 주려고 하는 것으로 생각하고 있다. 그러다가 어느 정도 성장하여 야생동물이 잎과 줄기를 먹을 수 없을 정도로 자라면 잎 모양을 굳이 삼지창 모양으로 할 필요가 없기에 타원형으로 바뀐다. 즉, 발아 시 부터 1m 내외 까지는 3~5엽의 삼지창 모양이며 1m 이상에서는 대체로 둥근 모양이다.

꽃과 열매

황칠나무는 성숙목인 경우는 4월 중순이면 새순이 돋아나 5월 하순까지 잎이 자란다. 그러나 신생목인 경우는 8월 31일 될 때 까지도 잎의 생장이 계속된다. 상록수지만 6월경에 낙엽이 발생한다. 황칠나무 꽃은 7월 중순부터 피기 시작하는데 한 가지에 3~4개씩 9월 중순까지 계속 돌아가면서 피어 11월 하순 부터 짙은 보라색 열매가 맺는다.

모든 나무열매는 남쪽부터 햇빛을 많이 받는 곳부터 익어 가는데 황칠열매는 북쪽 그늘진 곳 열매부터 검게 익어간다.

황칠나무 열매는 함평, 곡성 지역은 10월이면 검게 익어가지만, 고흥은 11월, 여수 돌산은 12월경에야 익는다. 그러므로 너무 늦게 익어가는 열매는 미처 익지 못하고 1월 추위에 얼어서 모두 떨어져 버리고 만다.

황칠나무의 열매는 새들의 먹이가 되지만 소화되지 않기 때문에 배설물에 의해 자연 발아 번식된다. 따라서 새들이 둥지를 틀거나 주로 쉬는 소나무 노거수와 같은 큰 나무 주위 밑에서 군집하는 것을 볼 수 있다.

전남대학교 이정석 교수 등이 황칠나무 종자 발아와 이식묘 생장을 위한 연구결과에 의하면 황칠나무 열매를 파종하여 발아하는 것은 경제성을 보이지 않았는데, 이는 발아를 위해서는 껍질을 벗겨줘야 발아율이 높다는 것이다.

특히, 황칠열매는 생리활성이 뛰어난 기능성물질을 함유하고 있는

| 황칠나무 열매

것으로 밝혀졌는데, 추위가 오기전에 황칠열매를 갈무리하여 기능성물질 추출 등에 활용할 수 있도록 하는 것이 바람직하다.

생리활성이 뛰어난 황칠나무의 종실추출물 특허

- 출원인 : 제주대학교 산학협력단
- 출원일자 : 2005. 06. 16
- 등록번호 : 1006632840000 (2006. 12. 22)
- 발명자 : 김세재, 정완석, 최수연, 박수영, 고희철

생리활성이 뛰어난 황칠나무의 종실추출물에 관한 것으로, 황칠나무의 종실을 음건한 다음, 분쇄기로 갈아 미세분말로 제조하

고, 이 황칠나무 종실분말을 70% 에탄올에 침적하고, 초음파를 이용하여 1시간씩 3회 추출한 다음, 이 에탄올추출물의 상층액을 회수하여 감압농축하고, 이 농축물을 물에 현탁시킨 후, 헥산, 에틸아세테이트, 부탄올로 순차적으로 추출하여 각각의 분획물을 얻는 것으로 구성된다.

본 발명에 의해 항산화활성, 항암활성, 항균활성 등 생리활성이 뛰어난 황칠나무의 종실추출물이 제공되며, 기능성 건강보조식품, 식품첨가제, 음료조성물, 가축 및 어류의 사료첨가제 등 다양한 분야에 이용할 수 있는 생리활성이 뛰어난 황칠나무의 종실추출물이 제공된다.

종자의 보관 및 발아

황칠나무의 번식은 종자번식 또는 뿌리삽목, 줄기삽목 그리고 조직배양이 모두 가능하나 대량양묘를 위한 방법으로는 종자번식이 가장 용이하다.

황칠나무에 대한 가치 재인식으로 1980년대 중반부터 관 주도로 묘목이 보급되었으나 1990년대 들어서는 묘목 생산기술이 보편화 되어 묘목 전문적으로 생산하는 농가들이 많으니, 이들 업체들에서 구입하여 식재하는 것이 좋을 것 같다.

황칠나무 열매는 완전히 성숙하여 검정색으로 변하는 11~12월에 채취한다. 황칠열매는 새들에 의하여 손실이 많으므로 완전히 검정색으로 익지 않았을 때라도 채취하여 5~7일 정도 물에 담가두면 후숙되어 발아율에는 큰 차이가 없고 과육 제거도 용이해 진다. 그런데 과육 제거 후 종자를 건조시키면 종자가 휴면에 들어가 당해년도에 종자발아가 이루어지지 않고 다음해에 발아된 다는 점을 유의해야 한다.

황칠나무 열매가 검게 익었을 때, 과육을 열어보면 5~7개의 씨앗이 들어 있는 것을 볼 수 있다. 이 열매를 종자로 활용하기 위해서 노천매장법과 습윤 저장법에 의해서 보관한다.

전남 완도에서 황칠나무의 재배 시 종자의 발아율을 향상시키는 방법을 규명한 논문(최성규 외, 한국자원식물학회지, 1998.2)에 의하면 다음과 같다.

- 황칠나무의 열매는 핵과로서 자방의 길이가 7.8~10.7㎜였으며, 자방폭은 6.9~9.0㎜의 타원형이었다. 자방은 5실로 구분되어 있었고, 1실에는 각각 1개의 종자가 형성되었다. 따라서 자방 1개에는 5개의 종자가 들어있으며, 5개의 종자중의 1개 종자는 배유가 형성되지 않은 무배유 종자로 발아가 이루어지지 않았다.

- 황칠나무의 종자는 길이가 6.3~7.4㎜였으며, 종자 폭은 2.0~2.9㎜이었고, 종자의 100립중은 1.43~1.80g이었다.

- 종자를 가을에 파종할 때는 파종전 40 온탕에 90~120분간 침지한 후 파종하면 발아가 잘된다. 봄 파종시에는 종자를 10°C온

도에서 60~90일 정도 층적 저장후 파종한다.

종자의 발아율을 높이기 위한 연구(1995, 김세현 외)에 의하면 종자의 습윤 저온저장 78% 수준에서 가장 발아율이 높게 나타났다. 이 연구에서는 습윤 저온저장처리기에서는 25일 정도되면 발아된다. 발아 시기는 종자가 건조되면 종자의 발아율이 현저히 떨어지게 된다. 따라서 건조저온저장 보다는 온습저온저장이 발아 촉진에 좋았다.

종자의 발아는 파종후 개화후 12주 후에 채취한 종자에서 가장 많은 발아율을 보였으며, 전 처리한 종자는 파종 후 30일이 지나면 발아되기 시작하므로 전체 발아상태를 보아가면서 흐린 날을 택하여 피복한 볏짚을 걷어주고 9월까지는 30%의 비음망을 설치하여 습도유지 및 직사광선을 막아주는 것이 좋다.

또한 발아가 끝나고 초기 생육이 어느 정도 진행되어 땅속 깊이 뿌리가 내릴 때까지는 가뭄의 피해를 받지 않도록 수분상태를 보아가면서 관수작업을 해준다.

종자파종 시 토양은 배양토를 이용하거나 양토 및 사질양토로 배수가 양호한 장소를 선정하고 바람이 없는 날을 택하여 줄뿌림 또는 점뿌림한다. 춘파의 경우 보통 3~4월에 실시하고 직파의 경우는 11~

12월에 하는데 직파 보다는 춘파가 더 효과적으로 나타나고 있다.

직파의 경우 저장 시 번거로움을 피할 수 있다는 장점은 있으나, 파종 후 상주의 피해와 조류에 의한 피해가 우려되어 춘파하는 방법이 보다 효과적이라고 할 수 있다.

춘파의 경우 종자저장의 방법에 따라 발아율에 많은 영향을 미치며, 종자채취 후 젖은 모래와 혼합하여 저온에 저장하는 습윤 저온저장 방법이 78%의 가장 좋은 발아율을 보여 가장 효과적이나 저온저장 시설이 없을 경우는 노천 매장방법을 쓴다.

종자를 파종하는 방법은 잘 분리해낸 종자를 묘판에 파종하는데 묘판은 모래와 상토를 3:1 비율로 잘 혼합한 뒤, 흙을 10cm 정도 넣고 씨앗 10~150개 정도를 고르게 뿌려준 다음 혼합 흙으로 씨앗 위에 2cm 정도 덮어 준다.

이렇게 만든 묘판은 반그늘을 만들어 주고, 물을 매일 아침 저녁으로 2회 이상 정성껏 주어야 한다. 이렇게 관리를 잘했을 때 발아율은 80~90% 정도 되며, 발아기간은 약 60일 정도 된다.

발아된 황칠 묘목은 작은 포트에 1주씩 옮겨 심어 1년 정도 키운다. 1년 정도 키운 묘목은 약 20~30cm 정도 자라며 이후에는 노지에 옮겨 키울 수 있다.

삽목

황칠나무는 삽목번식도 가능하다. 필자가 직접 삽목을 시도한 결과 삽목방법에 따라서 차이가 있었다. 뿌리삽목은 3월 하순에 숙지삽목은 6~7월에 실시한다.

개엽 직전인 3월 초순의 숙지 삽목의 발근률이 가장 좋았다. 녹지삽목의 경우는 8월 초순경이 가장 좋은 결과를 보였고 삽수가 경화되는 9월 중순에서 10월 초순까지 가능하였다. 황칠나무 삽목의 경우는 개엽개시 직전의 숙지삽목이나 가지가 경화된 9월 이후의 삽목보다는 7월 중순 이후부터 8월 초순까지의 녹지삽목이 효과적이라 할 수 있다.

한국약용작물학회지 제6권 제4호(1998. 12, 최성규)에 게재된 '황칠나무 삽목번식에 관한 연구'에 따르면 전남 완도지방에서 황칠나무의 재배 시 삽목번식법을 체계적으로 확립하고자 시험을 실시한 결과는 다음과 같다.

(1) 삽목의 종류로는 숙지삽과 녹지삽이 가능하였으며, 숙지삽 보다는 녹지삽이 캘러스 형성이 좋았고 발근율이 높았다. 삽목 시기는 숙지삽은 2월~3월 중순경 실시하고, 녹지삽은 2월~3월경 실시하는 것이 발근율이 높아 적당한 시기로 판단된다.

(2) 황칠나무의 경삽 시 삽식형태는 관삽(normalcutting)보다는 단자삽(earthen-ball cutting)이 캘러스 형성율이 높고 발근이 양호하였다.

(3) 상토는 통기성과 보수성이 양호한 사양토가 발근에 효과적이었으며, 경제성이 있을 것으로 생각되어 적당한 상토로 생각된다.

(4) 식물생장조절제는 IBA(indole butyric acid)를 100ppm처리할 경우 캘러스 형성율이 높고 발근이 촉진되었다.

묘목의 생장

황칠나무는 두릅나무과이기 때문에 1m 정도된 나무라도 3분 2 정도까지 깊이 심어도 잘 자란다. 10센티 정도 깊이 심어주면 지지대 없이도 바람을 견디며 잘 자란다.

황칠나무의 어린묘목의 활착 및 초기생육을 원활하게 하기 위해서 검정비닐 피복처리를 한 결과 90%정도의 활착률을 보였다. 이식한 묘목의 시기별 변화는 이식 1개월후인 4월의 처리별 현존률은 91~94%정도 였고, 3개월 후인 6월 조사시기에는 90% 정도의 생존률을 보였다.

황칠나무 묘목은 7월에 40%의 생장을 보여 가장 왕성한 생장을 보였으며, 그 다음이 5월 17%, 9월 9.5%가 생장하여 7월까지 85.5%가 생장하였으며 주로 5월, 7월, 9월에 걸쳐 3차 생장을 한다.

김메기는 잡초발생 정도와 발아 후 유묘의 생장상태에 따라 연간 5~6회 실시하여 피해를 받지 않도록 하여야 하며, 시비는 5월에 1회정도 실시한다. 가을이 되면 묘목이 10㎝ 정도 성장한다.

황칠수액 채취 방법

황칠나무를 옻나무와 비슷한 것으로 아는 사람도 많으나, 전혀 다른 두릅나무과에 속하며 옻과 달리 독성이 없다. '옻칠 천 년 황칠 만년'이라는 말이 있을 정도로 둘 다 전통 천연도료로 유명한데, 모든 식물은 상처를 입을 경우 수피의 상처 부위로부터 수지(소나무의 경우 송진)를 분비한다.

황칠나무는 황칠 생산량에 있어서 개체 간에 많은 변이를 보이는데 황칠이 전혀 생산되지 않는 개체가 있는 반면 개체당 년간 100g 정도를 생산하는 개체도 있다.

따라서 황칠 생산을 목적으로 하는 묘목생산을 위해서는 황칠 생산량이 많은 우량개체로부터 무성번식에 의해 그 차대를 이용하는 것이 바람직하다고 할 수 있으며, 우량개체의 증식에는 삽목에 의한 방법이 가장 효과적이다.

황칠의 채취는 수간의 수피를 칼로 상처를 내고 나서 10일 쯤 지나 분비된 액즙이 서서히 수분을 잃고 황색으로 변할 때 채취하여 도료의 원료로 사용하는데, 이 때 모아 둔 그릇에 침전하는 것은 광택도와 투명도가 떨어지는 것이고 상층액이 고품질이다. 황칠나무도 수피에 인위적으로 상처를 주면 황칠이 분비되는데 주변 환경과 조건에 따라 차이가 많이 난다. 황칠나무의 건강 상태, 크기, 햇수, 주변 온도, 습도, 수분 함량, 계절 등에 따라 분비량이 다르다. 숲에도 바람이 잘 통하는 시원한 곳보다는 주위가 나무숲으로 둘러싸인 습하고 무더운 곳에서 많은 양의 칠이 분비되는 것으로 조사됐다. 그리고 자연적으로 분비되는 경우에는 젊고 건강한 나무보다는 오래 되고 거친 표면을 가진 나무에서 더 많이 나오기 때문에 오래된 나무일수록 더 많은 양의 황칠이 나온다고 할 수 있다.

황칠을 채취하는 전통적인 방법은 황칠나무 수피에 일자(一字)나 브이자(V 字) 또는 오자(O字) 형태로 상처를 주면, 주변 여건 등에 따라 수액이 나온다. 이렇게 자연적으로 채취하는 방법은 매우 소량만 얻을 수 있다. 상처로 인한 산화적(酸化的) 스트레스로부터 자신을 보호하기 위하여 분비하는 생체방어 물질이므로 소량만 분출하는 것이 자연스러운 일이다.

다산 정약용 선생께서도 '껍질 벗겨 즙을 받기 옻칠 받듯 하는데 아름드리나무에서 겨우 한 잔 넘칠 정도'라고 하였다.

그런데 최근 들어 황칠을 산업화하기 위하여, 황칠을 더 많이 채취하기 위해 다양한 방법이 동원되었다. 황칠나무 수간에 상처를 준 다음 화공약품 처리를 함으로써 황칠분비량을 많게 하는 방법이다.

이는 황칠나무 줄기의 채취구에 영양배지에서 배양한 곰팡이를 배지와 함께 목재이식판으로 덮고, 바깥쪽에 비닐 덮개를 덮는 것을 특

| 본가의 40년생 황칠나무에서 황칠수액 채취모습

징으로 하는 황칠의 다량 채취방법과 채취구 주위를 염산(HCl)농도 6~25%로 처리하거나, 에틸렌 처리나, 식물호르몬 처리함을 특징으로 하는 황칠의 채취 방법이다.

이렇게 황칠나무에 직접 화학적 처리를 하는 것은 황칠나무 자체를 손상시키는 결과를 초래하였을 뿐 만 아니라 채취한 황칠성분에도 영향을 미칠 수 있으므로 바람직하지 않다고 본다.

이후 연구자들은 수간에 상처를 주고 미생물을 투입하는 방법이다. 이는 황칠나무에는 큰 영향을 미치지 않으면서 지속적으로 황칠을 대량 채취할 수 있다고 하지만 인위적인 방법이 과연 황칠나무 수명을 단축시키는 결과를 초래할 수 있어서 지켜 볼일이다.

황칠다량 채취 및 정제에 관한 특허

- 출원인 : 임종숙, 황백, 정병석
- 출원일자 : 1995. 12. 05
- 등록번호 : 1001996880000(1999. 03. 05)

황칠의 다량 채취 방법 및 장치와 그 이용 발명에 관한 것으로, 본 발명에서는, 황칠나무의 줄기의 채취구에 영양 배지에서 배양한 곰팡이를 배지와 함께 이식판으로 덮고, 바깥쪽에 비닐 덮개를 덮어 주는 것을 특징으로 하는 황칠의 다량 채취 방법.

| 사진제공: 황칠생산자협회 감준기 회장님, 황칠연구가 배철지원장님

황칠 정제 및 보관 방법

황칠은 처음에는 유백색이지만 점차 공기와 접촉하면서 영롱한 황금빛으로 변하게 된다. 황칠나무에서 채취한 황칠은 나무껍질이나 티끌 등 여러 가지 불순물이 혼합되어 있다. 알코올 등 용매를 혼합한 다음 정제하는데, 크게 두 가지 단계를 거친다.

(1) 전통적인 방법으로 거름종이와 삼베 헝겊을 이용하여 불순물을 걸러내는 것이다. 거름종이 한 장을 사용하거나, 두 장을 겹쳐서 사용하는 등 용도에 따라 알맞게 사용하는데, 두 번을 반복해서 걸러내면 미세한 먼지까지도 대부분 걸러낼 수 있다.
이렇게 불순물을 걸러낸 원액을 원심 분리기를 이용하여 정제하면, 원심 분리기가 중력 가속도의 원심력을 이용하여 찌꺼기를 한곳에 모이게 하므로 가장 깨끗한 칠을 얻을 수 있다.

(2) 황칠원액에 신나, 벤젠, 에탄올 또는 메탄올, 아밀알코올 혹은 이소-아밀알코올로 혼합 용해함을 특징으로 하는 황칠의 용해방법과 황칠 원액에 아밀알코올 또는 이소-아밀알코올로 용해시켜 도장 처리시킨 다음 건조 후 에탄올, 아밀알코올 혹은 이소-아밀알코올, 곡식기름을 혼합 용해시켜 2차, 3차, 4차 도장 처리하는 황칠의 도장 방법이다.

(3) 황칠원액에 카슈, 곡식기름 또는 니스 또는 세락, 락카, 우레탄, 경화제를 일정비율로 용해시켜 합성 칠을 제조하거나, 황칠을 피륙에 염색한 후 20~40범위의 온수에서 잿물, 소금, 명반,

Fe++을 혼합 처리 후, 1시간 후 꺼내어 건조시킨 다음 2차, 3차 염색 처리함을 특징으로 하는 피류의 매염처리방법이다.

황칠은 도료 뿐만 아니라 의약품으로 활용할 수 있는 귀한 재료이므로 정제를 위한 용매를 사용할 때는 에틸-알코올을 사용하는 것이 좋다. 공업용 메틸알코올이나, 신나, 아세톤 등도 용해작용을 되지만 사용자의 건강에도 위해 할 뿐만 아니라 결과물에도 악영향을 미칠 수 있기 때문이다.

채취한 황칠은 계속 산화작용이 일어나면서 굳어지므로 가급적 빨리 불순물을 제거해 주는 것이 좋다. 불순물을 제거하지 않은 상태에서 굳어지면 나중에 처리하기가 곤란하다.

보관 방법은 원액 상태로 보관하는 법과 용매로 희석하여 보관하는 법이 있다. 원액으로 보관할 때의 문제점은 완전히 굳어져 버렸을 경우 점도가 매우 강하여 즉시 사용하는 데 어려움이 있다. 따라서 원액이 담긴 용기에 처음부터 약간의 물을 채워 주면 굳기를 어느 정도 방지할 수 있다. 용매로 희석하여 보관하는 방법을 적용할 경우 적당량의 용매만 사용하는 것이 좋다. 묽기 정도는 필요 시 얼마든지 조절할 수 있으므로 처음부터 너무 많은 용매를 사용할 필요가 없다.

보관 용기는 병 입구가 넓은 갈색 유리병에 보관하는 것이 좋다. 혹 무색으로 된 유리병에 보관할 때에는 겉 부분을 알루미늄으로 싸 주는 것이 좋다. 황칠 원액은 아무리 오래되어도 용매를 이용해 다시 용해하고 정제하여 사용할 수 있다.

- **출원인** : 전라남도, 김진환, 박남국, 신재순, 김영철
- **출원일자** : 1996. 10. 11
- **등록번호** : 1001866820000(1998. 12. 29)

황칠수액을 아세톤과 같은 황칠과 용해 가능한 용제에 혼합 용해하고 주지의 감압여과공정을 거쳐 불순물을 제거한 후 진공 증발공정 또는 건조제를 사용하여 용제와 물을 제거하는 공정을 거쳐 분리 정제하는 방식으로, 고유한 황금색상을 유지하면서 함유수분을 효과적으로 제거할 수 있고 불순물 제거가 용이하며 높은 수율로 정제할 수 있는 등의 장점을 지닌다.

황칠 도장 방법

황칠나무에서 추출된 수액은 순수 천연도료 중 단연 세계에서 최고라고 할 수 있으며, 현대의 수많은 인공도료에서 발현하기 힘든 우리나라 고유의 전통도료이다. 황칠은 찬란한 금빛으로 각종 문헌에 나타난 황칠의 아름다움에 대한 표현은 놀라울 정도다. 다산 정약용은 "보물 중에 보물은 황칠이다"라고 극찬했고, 지봉유설의 저자 이수광은 "세상에 이보다 더한 보물이 있겠는가?" 라고 황칠을 칭송했다.

나카이모노진(中井猛之進)의 〈조선삼림식물편〉 제6권에는 황칠에 대한 자세한 설명이 있는데, 황칠나무는 중국, 대만, 우리나라, 일본에 각 1종씩 있는데, 일본의 황칠나무의 수피에서 나오는 칠은 무색(無色)이나 우리나라의 경우는 황색(黃色)으로서 품질이 좋다고 했다. 날씨가 더운 일본의 경우 칠의 도막이 형성되지 않는 기름이 나오지만, 우리나라 황칠나무는 도막이 형성되는 칠이어서 상품 도료라고 하였다.

16p에 보면 '황칠의 도장 방법은 7~8월에 채취한 수지액을 옥외의 직사광선 아래서 칠하며, 기온이 낮을 때는 도장, 건조가 곤란하다고 하였다. 도장에 필요한 시간은 칠하기, 건조하기가 모두 하루면 충분하다. 도장 횟수는 3번 반복하여 칠하고 합죽선에 칠할 때는 들깨 기름을 바르지 않고 황칠을 바로 칠하는데, 칠한 뒤 말리는 일은 합죽선(合竹扇)과 마찬가지로 3번 반복하였다.'라고 기록되어 있다.

황칠은 지용성으로서 주민들은 수집한 황칠을 수중(水中)에 저장했다가 필요에 따라 꺼내서 상자나 장롱에 칠한다 했다. 채취시기는 가장 더운 시기인 7월~9월이다. 부채에 칠할 때에는 들기름을 먼저 바르고 말린 후에 솔로 칠하고 햇빛에 말리는 일을 3번 반복해서 광택을 낸다. 목제품에는 들기름을 칠하지 않고 황칠을 바로 칠하는데 칠한 후 햇빛에 말리는 일을 세 번 반복해야 한다.

당시 칠의 가격은 구주공업대학 테라다 아사(寺田晁) 교수의 〈고대도료금칠의 연구〉란 논문11p에서 1926년 당시 1관(3.75kg)에 25~50원이라 했는데, 1917년 조선총독부에서 발간한 〈조선한방약료식물조서서〉의 인삼이 5원으로 나와 있는 것을 보면 황칠은 당시 인삼보다도 비싸게 거래되었음을 알 수 있다.

황칠이 함유된 합성 도료의 제조 방법

- **출원인** : 임종숙, 황백, 정병석
- **출원일자** : 1998. 12. 22
- **등록번호** : 1001996890000(1999. 03. 05)
- **발명자** : 정병석

황칠나무로부터 채취된 천연 도료로서 사용되는 황칠을 함유하는 도료조성물에 관한 것으로, 합성도료의 용매로 사용되는 신나, 벤젠, 아세톤 등의 일반적인 유기용매에 물과 혼화성이 우수한 알코올 용매를 1:1의 비율로 혼합한 혼합용매 10부피부에 대하여 황칠 2 내지 10부피부로 혼합하여 제조된 천연황칠과 락카, 니스, 셀락, 카슈 등의 투명 유성 도료와 옥수수, 콩, 미강, 올리브, 코코넛 등으로부터 추출된 식물성유의 비율이 1:1 내지 3:0. 2의 비율이 되도록 혼합하는 것을 특징으로 하는 황칠이 함유된 합성 도료의 제조 방법을 제공하고자 하는 것이다.

사진자료

세계적으로 온실가스 배출량 증가에 따른 지구온난화의 위험성을 주목하고, 해조류를 이산화탄소 흡수원으로 지정하여 환경오염저감식물로 활용하기 위한 방안을 모색했다. 2008년 2월 14일 기준 총12회에 걸쳐 세미나 및 간담회를 개최하였다.

이산화탄소 흡수원으로서의
해조류 활용을 위한 국제심포지엄

바다를 활용한 이산화탄소 감축이 우리나라에 적합하므로, 영국, 호주, 독일
을 비롯한 17개국에서 1,000여명의 회원이 참석한 국제 심포지엄 개최를
통해 이산화탄소 저감식물로 해조류 활용 연구가 더욱 활성화 되리라 기대
된다.

인공조성 담수호 방류수에 의한 바다환경 변화 심포지엄

바다생태계를 보호하고 담수호의 효율적인 관리를 통해 생명을 잃어가는 바다를 살리고, 바다에서 생업을 이어나가는 어업인들의 생존권을 지켜가기 위한 대안과 법적 제도적 장치를 마련하고자 심포지엄을 개최하였다.

농업인 소득향상을 위한 직불제 확대방안 모색을 위한 세미나

갈수록 심화되는 농축산물 개방압력에 대비해 농업인의 경영안정 및 소득향상을 위한 방안을 찾기 위해 간담회를 개최하였다.

인공조성 담수호 방류수에 의한
바다환경 변화 심포지엄

제29회 KOREA SMART FORUM
(KOREA Sea Management Agriculture Research Technology FORUM)

농업인과의 대화

▶일시 : 2006. 8. 25(금) 10:00~　　▶장소 : 한국농촌공사 강진·완도지사 회의실

서기 2006년 8월 11일 금요일 [3]

'농업인과의 대화'
토론회 열린다

25일 완도군청년회관에서
이영호 국회의원 이명수 농림부차관 참석

WTO/DDA 협상 및 미국을 비롯한 각국과의 FTA 협상 등 외국산 농산물 수입 개방압력으로 인해 많은 어려움을 겪고 있는 우리 농업의 현실을 진단하고 지역 농업인의 의견을 수렴하기 위해 제29회 코리아 스마트 (SMART : Sea Management Agriculture Research Technology) 포럼이 오는 25일(금) 오후 3시 완도군청년회관에서 개최된다.

이번 코리아 스마트 포럼에는 우리 지역 국회의원인 이영호 의원(사진)을 비롯하여 이명수 농림부 차관 등이 참석하여 우리 농업, 더 나아가 우리나라 농업이 나아갈 바람직한 방향에 대해 심도 있는 논의가 예상된다.

한편 코리아 스마트 포럼은 지역민의 의견수렴 및 공론화의 장을 마련한다는 취지로 앞으로 매월 1차례씩 우리지역에서 개최할 예정이다.

이영호의원 '스마트 포럼' 개최

지역 농업인과의 대화 성황

이영호의원 주도 코리아 스마트포럼 '농업인과의 대화'

영농 현장 주민들 의견 수렴

WTO/DDA 협상 및 미국을 비롯한 각국과의 FTA협상 등 농산물 시장 개방 압력으로 인해 많은 어려움을 겪고 있는 우리 농산업의 현실을 진단하고, 지역구민들의 의견을 수렴하여 정부정책에 반영하고자 간담회를 개최하였다.

친환경농업 육성을 위한 간담회

제42회 KOREA SMART FORUM

친환경농업 육성을 위한 간담회

■ 일시 : 2007년 2월 23일(금) 14:00~16:00　　■ 장소 : 강진군 한들농협 대회의

친환경농업은 장기적으로 농업인의 소득 향상에 기여할 뿐만 아니라 환경
보전의 차원에서도 발전되어야 할 산업으로서, 농촌의 장기적인 발전과 농
업인들의 소득안정을 위하여 친환경농업의 발전 및 소비를 촉진시키기 위
한 방안을 모색하여 정부정책에 반영하기 위해 간담회를 개최하였다.

친환경농업 육성을 위한 간담회

축산업계의 장기적인 발전과 축산업인의 소득안정, 환경보전을 위해 친환
경축산업의 발전과 소비촉진을 위한 방안을 모색하고자 간담회를 개최하
였다.

장미 육종 산업 발전을 위한 간담회

우리나라 화훼 산업 중 가장 많은 비중을 차지하고 있는 장미 육종 산업은 품
종 육성자의 권리강화에 따라 로열티 부담이 증가하여 많은 어려움을 겪고
있어, 장미 육종 산업의 현실을 진단하고 발전방안을 모색하며 지역구민의
의견을 수렴하여 정부정책에 반영하기 위해 간담회를 개최하였다.

어업인과의 대화

다양한 여론 수렴을 통해 실질적으로 어업인에게 도움이 되는 정책을 개발하고자 심호진 해양수산부 차관보 및 완도지역 수협조합장, 완도수산업경영인중앙연합회장, 어업인단체 등 지역민을 대상으로 간담회를 개최하였다.

전복 양식 산업 발전 방안을 위한 현장방문 및 간담회

전복 양식 산업의 장기적 발전과 양식 어업인들의 소득 안정을 위해 전복 양식 발전 및 소비 촉진의 방안을 모색하고자 간담회를 개최하였다.

다시마 산업의 합리화 방안
모색을 위한 세미나

완도, 다시마특화지역 지정요…

이영호 의원 주최 세미나서 건…

다시마가 웰빙 식품으로써 국민건강에 크게 기여하고 있으므로 다양한 가공 식품으로 개발하여 어업인의 새로운 소득원으로서 자리잡을 수 있도록 실질 적 정책 을 수립하고자 세미나를 개최하였다.

내수면양식발전을 위한 토론회

내수면 양식에 대한 국민적 감정을 재정립하고 내수면 어류 양식업에 대한 건전성을 알리기 위해 세미나 및 시식회를 개최하였다.

비브리오패혈증 법정전염병 지정해제를 위한 세미나

비브리오패혈증 법정전염병 지정해제를 위한 세미나

■일 시 : 2005년 4월 22일(금) 14:00~17:00 ■장 소 : 국회의원회관 세미나(소회의실), 시식회(1층 로비, 후문 야외잔디밭)
■주 최 : 세미나(국회바다포럼, 농어업회생을 위한 국회의원모임), 시식회(이영호 의원실)

비브리오패혈증은 사람들 간에 병을 확산시키거나 패혈증균을 먹으면 모두
발병되는 것이 아님에도 불구하고 전염병으로 지정되어 있어 많은 사람들이
직·간접적인 피해를 입고 있음을 지적하고 법정전염병에서 제외되어야 함을
주장하였다.

어류양식업계 경영난 극복을 위한 좌담회

행정적 • 정치적 잘못으로 인해 어업인들이 많은 어려움을 겪고 있으므로, 어업인들의 현실이 해양수산부에 그대로 보고되어 새로운 행정적, 정치적 지원이 가능한 정책을 수립하고자 간담회를 개최하였다.

어류 시식회 및 수산물 전시회

수산물에 대한 대국민 인식 제고를 위해 생선회 시식회 및 전시회를 개최하였다.

활어시장 활성화를 위한 간담회

활어 시장이 물량적체와 소비 감소로 많은 어려움을 겪고 있어, 제도권 시장과 민간 활어시장 유통인, 정부 관계자 참석하에 활어시장 활성화 대책을 논의하고자 간담회를 개최하였다.

완도어선연합회 회원과의 간담회

완벽한 편익시설과 HACCP 기준에 적합한 현대식 위판장 건립을 위해 어업인들의 의견을 반영하고자 간담회를 개최하였다.

해양수산 발전을 위한 세미나

수산물에 대한 대국민 인식 제고를 위해 생선회 시식회 및 전시회를 개최하였다.

어촌 현장 수산 전문가와의 정책 간담회

어촌 현장 수산 전문가와의 정책 간담회

제40회 KOREA SMART FORUM

■일시 : 2007년 1월 17일(수) 13:00~ ■장소 : 국회 본청 귀빈식당 ■주최 : 국회바다포럼 ■주관 : 이영호 의원실, (사)태평양포럼

남해서부권 지역개발 정책간담회

한국원양산업 발전 방향을
위한 간담회

현재 원양어업은 시장개방 압력과 고유가 및 연안국의 자원자국화 조치로 많은 어려움을 겪고 있어, 원양어업지원 법안 제정과 예산 지원 등 대책마련을 위해 세미나를 개최하게 되었다.

수산업발전 방향 모색을 위한 간담회

공동학술대회 – '바다, 우리의 성장동력'

독도사랑전시회 및 발표대회

국가 경제 안보를 위한 승선근무
예비역 병역제도 도입을 위한 세미나

승선근무 예비역 병역제도를 통해 국가
해양분야의 전략적 인적자원을 안정적으
로 확보 할 수 있는 제도적 기반을 마련
하고자 세미나를 개최하였다.

수계산업 패러다임 인식제
고를 위한 간담회

연안환경보전에 대한 대국
민 인식제고를 위한 간담회

바다골재채취 관련 현안
협의 간담회

바다골재를 채취하는 인근 수역의 저서생물에 미치는 영향을 계량화, 수치
화해 객관적인 환경영향평가를 실시하고 골재채취가 환경에 미치는 영향
을 최소화하는 방안을 모색하고자 간담회를 개최하였다.

여수세계박람회 유치기념 정책포럼

도서지역 발전 정책 간담회

수산관련단체장과의 간담회

"수협 양해각서 개정 도움을"

수산단체장·이영호 열린우리당 의원 간담회

전국 수산단체협의회
이영호의원과 수산계 현안 논의

"수산인 회관 건립 예산확보 추진"

수산관련단체協, 이영호 의원과 간담회 개최

전국수산단체장,
이영호 의원 감사패 전달

수산업계의 현안에 대해 논의하고 개선·발전되도록 역할을 다하고 업계 스스로 발전방향을 모색하고자 간담회를 개최하였다.

수산양식기술사와의 간담회

양식업을 미래지향적인 산업으로 육성하기 위한 발전방향과 양식 기술사 자격증 소유자 우대방안에 대한 의견을 교환하고자 간담회를 개최하였다.

전국 어촌지도 공무원과의 간담회

시사뉴스

이영호 의원(열린우리당·전남 강진 완도군)

해양환경을 강정한 수산행정가로 주목

국회서 '전국 어촌지도 공무원 간담회' 주체 등으로 주목

이영호 의원(열린우리당, 수산평가위원장)이 제44대원을 수산양호원에서 공지 수부읍소로 가동에 강정한 목표설정을 위해 주의업무에 많이 관심을 쏟고 있다. 구체적인 한 사례가 지난 7월20일 국회도서관 대강당에서 개최한 '전국 어촌지도공무원과의 간담회를 주최한 점이다.

해양수산부 산하 실정 기관에서 근무하는 어촌지도 공무원 600명이 참여한 이날 간담회에서는 수산업의 대외개방정책에 효율을 줄 현황과 문제점에 대해 심도있는 도움이 발어졌다. 지방분권에 의한 노하우를 지도기관로 이전한 문제점이 지적되었다는 것.

열려 모든 토론을 수산업무문 간담하는 시종 활발한 분위기여서 4시간에 육진이 벌어졌다. 여러 쌓아장 등 공무원들은 모처럼의 호기를 찾아 웃음에 시간을 보낼수 있으며 주목 깊으셨다.

"100년 후 노하우 문제를 해결할 수 있는 기반을 마련할 터"

이 간담회가 열렸던 동 이 원원 차인이 활동어촌지도소, 해당수산기술관리소장 등을 비롯, 일선 공무원 결에서 기능하며 실선 공무원의 사기를 앙양하고 국회의원이며 전문수산인의 자긍심을 임고 국정방안이 제기되 마련하는데 목을 두는 것으로 표명되고 있다.

1년반 실선 공무원 경력 의해 고드실 기울을 오하는 수산인입니다. 1급 수산청주자사, 1급 의료기술자사 등이 직원 소개자였으며 마무에서 요청했던 수산청원소식 약관, 실무 관석 실제 이어낸 실작을 시도 이 이렇게 확실한 목표를 갖고 일착하려던 조치진용을 노출했다.

소업이 국회의원에서 당신의 이 의원이 무지와의 인터뷰를 통해 자신의 의정경험을 피력한 부분을 인용해 본다.

"제가 완일온 뉴어촌지의 업역을 깨전하는 일입니다. 기업업 제편을 검도할 계획입니다. 기부구조가 문입니다. 마느당과는 다른 시각입니다. 30~40년이 아니라 100년후로도 30이 문 문제를 해결할 수 있는 기반업업을 마련할 계획입니다. 실착함 넘어온 심상에 대한 관심의 관심입니다."

수산관계업계의 양동 시민입니다. 208만을 전역자원율속(?)에 의핵의 동역자원율속인 이 의미(활 구조, 의원회에 한국역한 집박안해 연주이 나가겠습니다."

"우리의 수산 관련법은 왕권 법에서제개위"

"현재 부입니다의 수산관련법과 수산정책을 집단간정체위를 간소속을 하고 있는 공통의 법을 가하기가 수정해서 쓰는 것입니다. 무리나라 독일에나 어업인의 입장에서 제대로 완 법 제정이 안되도 얼만을 뿐만 아니라 국제환경과 경제를 서로 착감하며 대응하지 못해요 있습니다. 우리입체에 정하 맞지 않는 것을, 우리 가장 먼저 해야하는 것이 높으면업 수가인 분류법 것입니다."

그는 이 기였습니다. "제가 어촌지도공무원으로 15년을 근무했습니다. 그렇지 이렇게 중고 실패했던 아이디어다는 입법화가 싶지 않았습니다. 시행되기까지 너무 오래됐습니다. 것입니다. 저는 지이 노수를 프로세스점을 개전감정하 제출했으며 이아 어촌가지강이됐간업이 관광이여 앞으로의 국정활동을 기대해 본다.

평어 취재
개정법 출반 수산을 통해 활동해온 수산관계업(고등인/동시선 수업 보필하며 사회과 세계경향을 담고고정도 국민으로는 국정개의 기능지도소, 어울수산기술입(고등, 강청나 교수, 전남도 교수, 해산자기관/정의 연합 활력이용경로해 온 체가와 국민의병 등원수산업들도.

http://www.sisa-news.com

어촌지도 기능 또다시 '도마위'

정부지방분권委 지자체 이양 재추진 논란
해당 공무원·업계 반발 거세…추이 주목

어촌지도 공무원들의 지방이양에 따른 문제점과 국가기관 존속이유를 설명하고, 해양수산부와 국회차원에서 적절한 대책을 마련하기 위해 간담회를 개최하였다.

태평양포럼 창립총회

농업, 수산업, 환경분야 등 '물'과 관련한 인적, 사회적 네트워크를 결집하여
수계산업(水界産業)에 관련한 정책 대안을 제시하기 위한 (사)태평양포럼이
창립, 이영호 의원을 공동이사장으로 추대하였다. 2004년 12월부터 창립 준
비를 거쳐 2006년 12월 해양수산부로부터 사단법인 승인을 받았다.

해양수산부 및 농촌진흥청 폐지
반대 집회

'해양수산부 해체는 망국으로 가는 길이다'

【서울=뉴시스】

해수부폐지반대의원모임과 해수부해체 국회통과저지 국민연대, 해수부수천국사민사회단체 등 유관단체들이 22일 오후 국회 계단에서 해양수산부 해체는 망국으로 가는길이라며 정부조직개편안의 철회를 촉구하고 있다.

이날 집회에서 이명호의원은 인수위에서 확정한 해양수산부 폐지방침에 대해 결사 반대한다며 조직개편안 철회를 촉구했다. /임영원기자
kmx1105@newsis.com

해양수산부 폐지 반대 집회 및 토론회

海事經濟新聞

양수산부 폐지반대 위한 대규모 집회 국회서 개최

)8/01/31 10:02 입력)

양수산부 존치를 위한 국민연대 회원 1000여명 참석
양수산부 폐지 반대 서명의원 1월 30일 기준 143명

국의 시민단체와 해양 및 수산단체 등 136개 단체로 구성된 '해양수산부 존 를 위한 국민연대'는 1월 31일 3시에 국회 본청 앞에서 해양수산부 폐지반대 위한 대규모 집회를 갖고, 해양수산부의 존속을 위해 국회가 적극 나서줄 을 강력히 촉구했다.

남과 부산, 인천지역 등 전국에서 올라 온 국민연대 회원 1000여명이 참석 가운데 열린 이날 집회에서 '해양수산부 존치를 위한 국민연대'는 국부창출 원동력이자 미래 성장동력인 해양의 중요성을 망각한 정부 조직개편안에 대한다는 내용의 결의문을 채택했다.

민연대를 대표하여 전국해상산 노동조합연맹 김수조 본부장은 의문 낭독을 통해 "21세기 해양 시대를 맞이하여 해양행정 전 부처의 기능은 오히려 확대되고 화되어야 한다"며 "삼면이 바다 고, 남북이 분단된 섬나라나 다 없는 우리나라에서 해양의 중요 을 망각한다면 우리의 미래는 울할 수 밖에 없다"고 강조했다.

히 김 본부장은 "우리나라가 반 기만에 국민소득 2만불 시대로 거든 것도, 일찍이 바다로 눈을 려 해양으로 진출했기에 가능했 "고 강조하고, 해양수산부 폐지 담은 정부 조직개편안이 국회 심의과정에서 반드시 철회될 수 있도록 국회 원들의 적극적인 역할을 촉구했다.

날 행사에 참석한 이영호 국회바다포럼 대표의원은 "21세기는 신 해양시대 맞아 환태평양의 중심 국가가 되기 위해서라도 반드시 존립되어야 한다"고 했다. 이어 "천년 해양강국 꿈 실현과 일류 선진국 진입을 위해 지금 분산되 있는 해양수산부 기능을 폐지보다는 강화하고 통합해양행정체제를 구축하 방향으로 정부 조직개편이 이루어지길 바란다"고 강력히 촉구했다. 특히 재까지 해양수산부 폐지 반대 서명을 현재 143분의 의원님이 우리 뜻에 동 했고 이번 집회를 통해 해양수산부 존치가 당론으로 결정될 수 있도록 희망 다"고 밝혔다.

날 태안지역에서 올라 온 국민연대의 한 회원은 "최근 서해안에서 발생한 형 유류오염사고에서 보듯이, 해양환경 보존을 위해서는 사고 예방도 중요 지만, 방제를 얼마나 신속하고 효율적으로 하느냐가 중요하다"고 말하고, 거 해양오염방지법이 건교부령, 환경부령, 공동부령으로 쪼개져 지리멸렬 게 운용되던 구태로 퇴보해서는 안된다는 입장을 분명히 했다. 국민연대의 회의원에 고함 내용 전문은 다음과 같다.

회의원여러분께 고함
바다는 그대로 있는데 정권이 바뀌면 대두되는 해양수산부 해체론

작고 효율적인 정부, 일하는 정부를 지향함은 환영한다. 그러나 각 부처에 거져 있는 해양기능을 통합하여 10여년 전에 출범한 해양수산부를 이제 다 해체하려는 것은 우리의 꿈과 미래를 해체하는 것으로 우리는 분노를 금 수 없다.

해양에는 우리와 후손이 먹고 살 수 있는 무한한 식량과 자원이 있으며 세 1위의 조선 수주량을 뒷받침하는 해운력이 있다.

지금 이 순간도 세계 열강은 해양영토를 한 뼘이라도 확보하기 위해 독도 이어도의 분쟁처럼 총성없는 전쟁이 진행되고 있음을 간과해서는 안된다.

지난 10여년동안 세운 공든탑을 무너뜨리기는 쉬워도 다시 일으켜 세우려 몇 갑절의 시간과 노력이 필요하며 그 사이에 열강은 우리가 따라갈 수 없 만큼 멀리 가 있게 될 것이다.

바다의 무한한 식량과 에너지, 자원을 우리와 우리 후손의 것으로 하기 위 서는 언제 발생할지 모르는 전쟁에서 이 나라를 지키기 위해 평시 막대한 방비를 지출하는 것처럼 미래를 위해 평시 해양 전문인력 양성과 물적 인프 를 갖추고 있어야 한다.

세계가 부러워하는 글로벌화로 전문화 된 해양인력과 조직을 육지마인드 형성된 부처속에 매몰되게 해서는 안된다.

육지현안은 항상 눈에 보이며 가깝게 있으나 미래현안으로 불원간 닥칠 양은 눈에 보이지 않으며 멀리 있기 때문에 항상 무시되고 우선순위에 밀 수밖에 없게 될 것이다.
장보고 해상 왕국의 해체는 신라의 급속한 쇠망으로 이어졌고 해상세력에 개를 둔 왕건에 의해 고려가 세워진 것처럼 해양은 우리나라의 경우에도 일 리 흥망을 좌우한 역사적 사실이 있다.
해양 기능이 한 유기체로 된 해양수산부의 해체는 21세기를 향한 성장 동력 비전을 상실하는 결과 초래

과거의 반농반어 시절처럼 식품이라는 공통성으로 농산물과 수산물을 묶

해수부 폐지 반대 움직임 '가속도'

21세기 해양강국으로 나아가기 위해 해양수산부 존치 필요성을 주장하며 집회 및 토론회를 개최하였다.

참고문헌

Ⅰ. 해조류관련

김영환, 한태준(2006), 해조류를 이용한 대규모 CO_2 제어시스템 연구

김영환(2006), 인공해조생태계를 이용한 효율적인 이산화탄소 흡수방안 개발

김영환, 정익교(2006), 연안역 통합관리형 CO_2 저감 연안역벨트조성 연구

이영호(2007.8), 이산화탄소 흡수원으로서의 해조류활용 방안 정책보고서

이영호(1993.2) 석사학위 논문, 조피볼락(*Sebastes schlegeli*) 어린시기의 성장 및 체성분 조성에 미치는 미역첨가 사료의 생리적효과, 부산수산대학교

이영호(2001.2) 박사학위 논문, 녹조식물, 매생이(*Capsosiphon Fulvescens*) 의 종묘생산과 양성, 부경대학교

이용필, 강서영(2002), 한국산 해조류의 목록, 제주대학교 출판부, 662.pp

이인규, 강제원(1986), 한국산 해조류의 목록, 조류학회지 1. 311~325.

이진환(2006), 기후변화협약의 정책적 대응을 위한 국제협력 방안

한명수(2006), 미세조류 CO_2 저감연구

Broerse A. T. C., P. Ziveri and S. Honjo. 2000. Coccolithophore (-CaCO₃) flux in the Sea of Okhotsk: seasonality, settling and alteration processes. Marine *Micropaleontology*. Vol.39:179-200.

Bo ena Koz owska-Szerenos, Izabela Bialuk and Stanis aw Maleszewski. 2004. Enhancement of photosynthetic O_2 evolution in Chlorella vulgaris under high light and increased CO_2 concentration as a sign of acclimation to phosphate deficiency. *Plant Physiology and Biochemistry*. Vol.42:403-409.

Feely, R.A., C.L. Sabine, K. Lee, W. Berelson, J. Kleypas, V.J. Fabry, and F.J. MIllero, "The impact of anthropogenic CO2 on the CaCO3 system in the oceans", Science, Vol.305, pp.362-366 (2004.07.16).

H. TakanoT. Matsunaga. 1996. CO_2 fixation by artificial weathering of waste concrete and coccolithophorid algae cultures. *Fuel and Energy Abstracts*. Vol. 37:217.

Heather M. Stoll, Christine M. Klaas, Ian Probert, Jorge Ruiz Encinar and J. Ignacio Garcia Alonso. 2002. Calcification rate and temperature effects on Sr partitioning in coccoliths of multiple species of coccolithophorids in culture. *Global and Planetary Change*. Vol. 34:153-171.

Hiroyuki Takano and Tadashi Matsunaga. 1995. CO2 fixation by artificial weathering of waste concrete and coccolithophorid algae cultures. *Energy Conversion and Management*. Vol. 36:697-700.

Hitoshi Miyasaka, Yosuke Ohnishi, Toru Akano, Kiyomi Fukatsu, Tadashi Mizoguchi, Kiyohito Yagi, Isamu Maeda, Yoshiaki Ikuta, Hiroyo Matsumoto, Norio Shioji and Yoshiharu Miura. 1998. Excretion of glycerol by the marine Chlamydomonas sp. strain W-80 in high CO2 cultures. Journal of Fermentation and Bioengineering. Vol. 85:122-124.

Nakamura T. 2003. Recovery and sequestration of CO_2 from stationary combustion systems by photosynthesis of microalgae. Quarterly Technical Progress Report #9.

Katsunori Aizawa and Shigetoh Miyachi. 1984. Carbonic anhydrase located on cell surface increases the affinity for inorganic carbon in photosynthesis of Dunaliella tertiolecta. *FEBS Letters*. Vol. 173:41-44.

Sabine, C.L., R.A. Feely, N. Gruber, R.M. Key, K. Lee et al., "The oceanic sink for anthropogenic CO2", Science, Vol. 305, pp. 367-371 (2004.07.16).

Sawayama S. 1996. CO_2 fixation and oil production through microalga. *Fuel and Energy Abstracts*. Vol. 37:217.

Yoshihiro Shiraiwa. 2003. Physiological regulation of carbon fixation in the photosynthesis and calcification of coccolithophorids. *Comparative Biochemistry and Physiology Part B: Biochemistry and Molecular Biology*. Vol. 136:775-783.

Yuichiro Tanaka and Hodaka Kawahata. 2001. Seasonal occurrence of coccoliths in sediment traps from West Caroline Basin, equatorial West Pacific Ocean. *Marine Micropaleontology*. Vol. 43:273-284.

Ⅱ. 황칠나무 관련

구자윤, 한국의 옻칠과 황칠, 소호산림문화과학연구보고서 3집, 2000. 6.

권송주, 효소 가수분해한 황칠나무 잎 추출물의 마우스에 대한 항스트레스 효과, 경상대학교 보건 대학원, 2022.

김대건, 황 칠나무 추출물이 12주간 음용한 비알코올성 지방간(NAFLD) 비만 대학생들에게 미치는 영향, 한국엔터테인먼트산업학회지 6(3), 2012. 9.

김세현 외, 한라산 황칠나무 천연집단의 식생구조, 공간분포 및 생육동태 등 생태적 특성을 조사. 한 국자원식물학회지 17(3), 56, 2004. 10.

김세현, 황칠나무의 삽목발근력 증진, 한국자원식물학회지 11(2),157-162, 1998. 6.

김지근, 동국대학교 신라문화연구소, 신라문화 41, 257~280, 2013. 2.

김형량, 황칠나무 잎의 화학성분 및 항미생물 활용, 전남대학교 대학원, 1997.

김형량·정희종, 황칠나무 잎 및 종실의 화학적 특성, 2000.

문형인 외, 황칠 정유성분의 항고지혈, 한국약용작물협회 심포지엄, 2009.

문창곤, 황칠나무 추출무르이 항산화 기능성에 관한 연구, 인제대학교 대학원, 2007.

산림청·한국임업진흥원, 황칠나무 유래 기능성 물질의 대량생산기술 개발 및 산업화 최종보고서, 2019. 6. 29.

박세호 외, 사염화탄소로 유발된 산화적 손상에 대한 황칠나무 잎 추출물의 간세포 보호 효과, 생명 과학회지, vol. 30, 2020.

박찬수, 불모의 꿈: 목아 반찬수의 불교 목조각 인생, 대원사, 2011.

박철호 외, 황칠나무 잎차, 수피와 뿌리진액, 침출주 및 막걸리의 항산화 활성 비교, 한국자원식물학 회 학술심포지엄, 89-89, 2012. 5.

박태희 외, 황칠나무 발효 추출물의 육모 효과, 생명과학학회지 vol. 29, 2019.

배옥남 외, Protective potential of Dendropanax morbifera against cisplatin-induced nephrotoxicity , 한국독성학회 학술발표회, 2013. 10.

배철지, 완도황칠, 샘물출판, 2018.

신완순, 평화문제연구소, 통일한국 27(9), 88-91, 2009. 9

안나영 외, Streptozotocin에 의해 유도된 당뇨모델 동물에서 황칠나무의 열수 추출물과 에탄올 추 출물의 당뇨 질환 개선 효능, 394-402, 2014. 12.

양선아, 황칠나무 잎 추출물의 에탄올-유도 간독성 예방 및 항고요산혈증 효과, 조선대학교 대학원, 2020. 5.

우봉학 등, 황칠나무의 항산화 활성화연구, 한국식품영양과학회, 2006. 10.

임기표 외, 황칠나무 자원 이용 기술의 개선 및 활용방안의 다양화, 전남대, 1996.

이근식, 황칠나무 이야기, 넥센미디어, 2015.

이미경 외, 국내 고유수종의 고부가가치 자원화를 위한 보길도 자생 활칠나무 수액의 미백효능 연구, 건국개, 2010.

이민희 외, 황칠나무 잎 열수 추출물 섭취가 아토피 동물모델 NC/Nga Mice에서 면역조절에 미치는 영향, 한국식품영양학회지, 49, 2019.

이서호 외, 황칠나무 잎의 면역활성 증진기능 탐색, 한약작지 10(2): 109-115, 2002.

이재열 외, 황칠나무 발효추출물의 항균력 평가, Journal of Life Science vol. 29, 2019.

이재호 외, 기후변화 환경에서의 분포지 변화 예측을 위한 온도와 광 요인에 따른 황칠나무 종자의 발아 특성, 기후연구 8(2), 143-151, 2013. 6.

이칠용, 漆工 硏究 미진사, 1984.

이창복, 대한식물도감, 향문사, 1982.

장지연, 황칠나무 잎 에탄올 추출물의 화장품 소재로서 생리활성 검증, 한국인체미용예술학회지, 제21권 4호, 2020.

전남보건환경연구원, 황칠나무의 기능성 및 약리 효과, 2009.

전영준, 아쿠아포린4 활성 기반 황칠나무 잎, 가지의 알츠하이머병 예방 연구, 금오공과대학 대학원, 2022.

정경임 외, 황칠나무 추출물의 항산화, 알코올 대사 효소 및 간 보호 활성, 생명과학회지 vol. 32, 2022.

정기환 외, 유방암 세포에서 황칠나무 잎 추출물의 MARK 경로를 통한 apoptosis 유도, 생명과학회지, vol 31, 2021.

정병석 외, 전통도료 황칠 재현을 위한 황칠나무의 특성 및 이용에 관한 연구, 1992.

정병석 외, 황칠나무의 분포 및 황칠의 성분 분석에 관한 연구, 한국생물공학회지 제10권 제4호, 1995.

정태현, 한국식물도감, 제5권, 식물편, 1965.

조종수, 단기 임산 신소득원 개발에 관한 연구 Ⅰ, Ⅱ, Ⅲ, 산림청, 1992.

최성규 외, 남부 도서지역에서 황칠나무의 파종기에 따른 주요 형질변이, 한국자원식물학회지 14(1), 60-64 (5 pages), 2001.3.

최성규 외, 저온 및 온탕침청이 황칠나무 종자의 발아에 미치는 영향, 한국자원식물학회지 11(1), 101-105(5 pages), 1998.2.

최성규, 황칠나무 삽목번식에 관한 연구, 한국약용작물학회지 제6권 제4호, 1998.12.

홍사준, 문헌에 나타난 백제 산업, 백제연구 제3집, 충남대학교, 1972.

황백 외, 황칠나무 잎의 면역활성 증진 기능 탐색, 2002.

Ⅲ. 기타자료

광주민속박물관, 광주의 민속공예, 2005

국립산림과학원, 특용자원표준재배지침서, 2011.

문화재청, 문화 유산 정보, 완도 정자리 황칠나무, 보도 자료, 2007

전라남도·조성동 외, 고유 농수산 품목 세계화 대상 품목의 연구 조사, 1996

정약용·박석, 정해렴 편역주, 황칠黃漆, 茶山誌 精選 하, 현대실학사, 2001.

조선왕조실록, 정조 41권, 18년(1794) 12월 25일

규장각 소장, 우마양저염역병치료방牛馬洋猪染疫病治療方, 중종38년, 1543년

Ⅳ. 누리집 참고

국가통계포털 어업생산통계 http://kosis.kr.search.do?query=어업생산

국립수산과학원 www.nifs.go.kr

블루카본 http://wikipedia.org/wiki/blue_carbon

수산자원관리공단 www.fira.or.kr

유엔식량농업기구 www.fao.org

에너지관리공단 기후대책총괄실 2005. http://co2.kemo.or.kr 자료실.

이기택 2005. http://www.postech.ac.kr/see/mec/research1.htm

해양수산부 www.mof.go.kr